網路零售管理決策
理論與方法

田俊峰 著

財經錢線

內容簡介

互聯網已成為零售商向消費者出售商品的全新渠道，這一領域的問題吸引了學術界的廣泛關注。本書首先介紹了中國網絡零售的發展現狀，梳理了網絡零售的經營類型和盈利模式，對比了中美網絡零售的發展差異，並指出了中國網絡零售的發展趨勢。然后在此基礎上構建魯棒優化模型設計網絡零售的物流配送網絡，研究網絡零售產品與物流服務的定價機制，以及物流服務質量的控製機制。最后論證了網絡零售商開放第三方平臺吸引聯營商家后，自營商家和聯營商家之間如何確定產品定價和佣金比例，才能實現合作雙贏；分析了網絡零售商直接向製造商定制產品，引入自有品牌后的定價與廣告投入決策。

本書是網絡零售相關管理決策問題的專著，適合作為本領域的高年級本科生、碩士研究生和博士研究生的教材，同時也適合作為高等院校教師、研究機構工作人員和網絡零售從業人員的讀物。

前　言

　　互聯網（Internet）技術的普及使網絡零售在中國以及世界範圍內得到了快速的發展。網絡零售降低了渠道成本，商品陳列虛擬化、多樣化，品類廣而全，滿足消費者個性化、差異化的小眾需求，自助式的購物體驗使得消費過程更輕松。2014年，中國網絡零售的交易規模有望突破2.7萬億元，預計比2013年增長超過40%。隨著網上購物逐漸被消費者廣泛接受，該領域的許多問題亟待學術界從理論高度加以解釋和回答，為網絡零售業的發展提供指導和借鑑。

　　在國內，由於阿里巴巴、京東商城、聚美優品等知名電商的相繼上市，網絡零售作為一種新興業態已被公眾熟知。本書首先從經濟學原理對電子商務的產生進行了分析，介紹了中國網絡零售業的發展現狀，梳理了中國目前典型的電商經營類別和盈利模

式，對比了中美網絡零售業的發展路徑，並展望了未來的發展趨勢。

在此基礎上，針對網絡零售商自營物流業務的配送模式，構建配送網絡設計魯棒（robust）優化模型，有效整合供應商、工廠、配送中心以及客戶區域，為企業在未來的動態市場中提供足夠的柔性，增強長期競爭優勢。

網絡零售環境中，顧客的交易總價是產品成交價加上物流服務費，網上零售商可以免費提供物流服務，也可以承擔部分物流服務費，甚至還可以通過收取超出實際發生金額的物流服務費來獲得差額利潤，同時物流服務質量的好壞影響賣家的信用等級、顧客的忠誠度或再買意願。本書介紹了網絡零售的定價模式，並進一步論證了產品報價和物流服務費的分割機制以及物流服務質量的監督機制。

最后，本書研究了網絡零售商開放第三方平臺吸引聯營商家后，構建模型，研究了自營商家和聯營商家之間如何確定產品定價和佣金比例，才能保證雙方的產品均有利可圖，論證了網絡零售商直接向製造商定制產品，引入自有品牌后的定價與廣告投入決策。

田俊峰

目 錄

1 緒論 / 1

    1.1 電子商務的經濟學分析 / 2

    1.2 中國網絡零售的發展現狀 / 6

        1.2.1 總體特徵 / 6

        1.2.2 交易規模 / 8

        1.2.3 占社會消費品零售總額比例 / 8

        1.2.4 市場份額 / 9

        1.2.5 用戶規模 / 10

    1.3 本書的內容結構安排 / 10

    參考文獻 / 12

2 網絡零售的商業模式和發展路徑 / 13

    2.1 經營類型與盈利模式 / 13

    2.2 中美網絡零售對比分析 / 17

2.3 中國網絡零售的發展趨勢 / 20

    2.3.1 線上和線下的融合 / 20

    2.3.2 移動電商 / 23

參考文獻 / 24

3 網絡零售的物流配送網絡設計 / 26

3.1 引言 / 26

3.2 文獻綜述 / 28

3.3 問題描述及數學模型的建立 / 32

    3.3.1 約束條件 / 37

    3.3.2 目標函數 / 38

    3.3.3 整合的供應鏈網絡魯棒設計模型 / 39

3.4 遺憾值限定系數的上限和下限 / 41

3.5 算法設計 / 43

    3.5.1 模型的分解與協調 / 43

    3.5.2 節點配置的禁忌搜索關鍵技術 / 44

    3.5.3 魯棒優化模型的求解算法 / 47

3.6 算例 / 49

    3.6.1 算法性能測試 / 50

    3.6.2 遺憾值限定系數對目標函數的影響 / 52

    3.6.3 魯棒優化模型的應用 / 53

3.7 小結 / 55

參考文獻 / 56

4 網絡零售的產品定價 / 63

4.1 定價策略及典型模式分析 / 63

4.1.1　引言　/　63

　　　4.1.2　網上銷售定價策略　/　64

　　　4.1.3　電子商務企業的典型定價模式　/　66

　　　4.1.4　小結　/　69

　　參考文獻　/　70

　4.2　網絡零售產品與物流服務的定價機制　/　71

　　　4.2.1　引言　/　71

　　　4.2.2　消費者網上購物的需求行為　/　74

　　　4.2.3　產品與物流服務的分割報價　/　77

　　　4.2.4　捆綁報價條件下的定價決策　/　79

　　　4.2.5　數值結果的比較靜態分析　/　82

　　　4.2.6　小結　/　87

　　參考文獻　/　88

5　網絡零售的物流服務質量控制　/　92

　5.1　引言　/　92

　5.2　問題描述與基本假設　/　94

　5.3　網上零售商與物流服務商的博弈　/　98

　5.4　均衡結果比較靜態分析　/　103

　5.5　小結　/　111

　參考文獻　/　112

6　網絡零售的營運模式決策　/　115

　6.1　自營與聯營混合模式下的產品定價與佣金決策　/　115

　　　6.1.1　引言　/　115

　　　6.1.2　問題描述與需求模型　/　118

6.1.3　網上商城與聯營商家的價格競爭與佣金決策　/　120

6.1.4　合作雙方的利潤關於佣金比例的比較靜態分析　/　124

6.1.5　小結　/　129

參考文獻　/　130

6.2　網絡零售商自有品牌的定價與廣告決策　/　132

6.2.1　引言　/　132

6.2.2　消費者選擇行為與需求模型　/　135

6.2.3　網絡零售商的產品定價與廣告投入　/　139

6.2.4　數值結果的比較靜態分析　/　144

6.2.5　小結　/　149

參考文獻　/　151

1　緒論

距離的消失是本世紀前 50 年影響社會的最重要經濟力量。

——英國《經濟學家》雜誌

管理學大師 Tom Peter 在論及企業組織和技術進步主題曾說：「The distance is dead.」[1] 基於光通信的互聯網技術抹殺了經濟、商務和個人生活中距離的概念。網絡溝通不僅速度快，而且可靠、高效和廉價，人們可以不受地域限制，方便快捷地同世界各地的客戶、供應商以及朋友進行洽談和開展商品交易活動。

互聯網在使人們擺脫了距離羈絆的同時，還賦予了他們選擇時間的權利。相比傳統的實體門店銷售模式，消費者可以在任意

時間點進行網上購物，而且可以做到貨比三家，買到稱心如意、物美價廉的商品。

在沒有互聯網之前，如果一個人想要購物，他首先可能在周邊有限的商家進行選擇。如果繼續擴大搜索範圍，或去附近其他城鎮或省市購買，但花在路上的時間和交通費用提高了購買成本，顯然不夠經濟。除非在極端情況下，額外的效益會超過額外的搜索成本。現在消費者不但能在線下實體門店購買，也可以訪問各類電商購物網站，但后者提供的產品往往價格更便宜，選擇面更廣。如果還嫌不夠，買方可以通過搜索引擎找到全國甚至全世界的潛在賣家。

如前所述，一方面互聯網和電子商務的結合賦權於個人，提高了人們控製商品交易的能力，既為消費者掃除了距離障礙，也為消費者掃除了時間障礙，減少了市場摩擦。另一方面，它通過降低搜索成本和拓寬搜索範圍，也提高了市場效率。利用互聯網，消費者只需花更少的時間和努力就可以更快地搜索到更多的產品。這樣，商品交易就朝著有利於買方的方向傾斜，最終使消費者受益。

1.1 電子商務的經濟學分析

電子商務（Electronic Commerce），顧名思義，可以理解為利

用互聯網做生意的行為。互聯網誕生於 1969 年，最初用於傳輸大學和政府計算機網絡的信息，它被用於「做生意」是 20 世紀 90 年代以后的事情。研究如何「做生意」的經濟學（Economics）首次出現於 1776 年亞當·斯密的開山之作《國富論》中，而其思想根源可追溯到古羅馬和古希臘時期。

經濟學分析開始於資源的稀缺性，即滿足人類需要的產品和服務都是由物質資源提供的，而相對於人類的需要，物質資源總是有限的。既然資源是相對稀缺的，那麼有效利用資源的最佳途徑是什麼呢？經濟學認為自由競爭的市場是最有效的資源配置方式。根據產品價格、資源成本和企業利潤或損失傳遞的信號，競爭市場會作出反應和最佳安排（不一定完美），力圖以盡可能低的成本獲取資源的最大化價值。當經濟學分析用於電子商務時，市場、競爭、價格信號和效率等經濟概念有助於我們認識和分析問題。第一，互聯網為構建電子化市場或虛擬市場提供了技術支持，有了這個市場，商品和服務就可以在這裡進行交換；第二，在這個電子化市場中，電子化企業（e-firm）不僅要與同類企業相互競爭，而且還與有形市場（physical market）中「磚塊+水泥（brick and mortar）」的實體企業（physical firm）進行競爭；第三，同實體企業一樣，電子化企業也會面臨價格、成本、利潤和虧損的問題；第四，電子化市場的結構特性會影響電子化企業的競爭行為；第五，電子化企業的商業計劃、戰略會影響其自身的

生存和發展。[2]

(1) 生產力要素理論

首先，勞動力是生產力的首要組成要素。電子商務經濟的發展對勞動力獲取、傳遞、處理和運用信息能力的依賴性不斷增強，而且不斷促進新型勞動者（信息勞動者）的出現與快速增加。其次，勞動工具是生產力組成要素中起積極作用的活躍因素。電子商務經濟的崛起和發展使勞動工具網絡化、智能化，隱含在內部的信息與知識的數量急遽增大，從而使得信息網絡本身也成了公用的或專用的重要勞動工具。再次，勞動對象是生產力不可缺少的組成要素。電子商務經濟的發展使勞動對象能得到更好的利用，並增大了勞動對象所包含的範圍，數據、信息、知識等都成了新的勞動對象。最后，科學技術在生產力發展中起革命性作用。網絡經濟的發展使科學技術如虎添翼，科技進步日新月異，信息科技成了高科技的主要代表，它對社會和經濟的發展起到了舉足輕重的作用。[3]

(2) 邊際效益遞增理論

電子商務經濟遵循梅特卡夫定律，商品的價值與該商品的普及率成正比，商品使用的人越多，價值越大，邊際收益呈現遞增的規律。一方面，信息網絡的成本主要是由網絡建設成本、信息傳遞成本、信息的收集處理及製作成本組成。在一定的網絡基礎設施條件下，只要接入網絡的單位個數在一定的範圍內，不會影

響網絡的傳遞速度，那麼在這個範圍內的邊際成本都隨著接入個數的增加而呈現下降的趨勢。當然，超過一定的範圍，就必須加大基礎設施的投入，表現為在臨界點上邊際成本突增。但是，從長期看，由於技術進步的存在，處理信息的費用在不斷下降。因此總的來說，電子商務經濟呈現邊際成本下降、邊際效益遞增的趨勢。[4]另一方面，在電子商務經濟中，對信息的投資不僅可以獲得一般的投資報酬，還可以獲得信息累積的增值報酬。即一個人佔有的信息越多，每增加一條信息獲得的效用越大，因而形成邊際效益遞增效應。

(3) 規模經濟理論

傳統意義的規模經濟是針對供給方的，在生產規模經濟階段，企業產量增加的倍數大於成本增加的倍數，降低了單位成本，增強了企業競爭力。但在電子商務經濟中規模經濟主要是針對需求方：一方面，電子商務簡化了中間環節，使需求可以按照使用者的要求實現多樣化、差別化生產；另一方面，電子商務經濟使商品的效用隨著使用人數的增加而增大，市場規模也逐步擴大。[5]

(4) 市場競爭理論

傳統經濟條件下，市場分為完全競爭、完全壟斷、寡頭壟斷和壟斷競爭四種類型，表現為廠商可以進行標準生產，實行相對統一定價，可以通過串通、設立商業壁壘限制廠商進入市場、限

產提價等手段獲取高額利潤，市場存在競爭與壟斷並存的現象。電子商務市場結構中，壟斷趨勢加劇，市場競爭更加激烈。網上銷售產品的規模經濟性、邊際效益遞增、消費者不易轉移的鎖定效應以及消費心理和行為自我強化的正反饋效應等特徵，使得市場常常處於壟斷或寡頭壟斷的現象，廠商實行差別定價，不能進行限產提價，從而使得整個市場的壟斷趨勢增強。電子商務經濟中競爭形式已經由傳統經濟時代的單一價格、質量競爭轉變為技術競爭、標準競爭。電子商務經濟中某一企業的產品若能被消費者所接受，就能占領一定的市場份額，甚至是壟斷市場，但這種狀況往往是暫時的。一旦競爭對手掌握了最新的技術，新產品的出現會使該產品迅速地被市場淘汰。因此，電子商務經濟中的產品競爭實質上就是技術創新的競爭，而且這種技術產品的生命週期將越來越短，競爭的程度越發激烈。[6]

1.2　中國網絡零售的發展現狀[7]

1.2.1　總體特徵

中國電子商務研究中心監測數據顯示，截至 2014 年上半年，中國的網絡零售市場格局從之前的混亂局面逐漸走向清晰。中國

網絡零售市場總體呈現以下四大特徵：

（1）渠道下沉，電商「上山下鄉」

一二線城市是電商企業用戶聚焦和盈利創收的核心區。隨著城市居民消費的能力趨於飽和，僅靠一二線城市已無力再支撐電商企業的高速發展。在此情況下，京東商城、阿里巴巴、當當網等電商們打起了「農村互聯網經濟」的主意，紛紛搶占農村市場。

（2）「大佬」佈局，移動端競爭白熱化

各大電商如京東商城、蘇寧易購、當當網、國美在線等在移動端的促銷力度可謂空前，京東通過手機京東、微信、手機QQ三線發起「全民搶紅包」，蘇寧易購發起「電商世界杯」，來自移動端的訂單占比也迅速提升。隨著用戶購物習慣的逐漸養成，未來移動端還有巨大的市場空間。

（3）電商發力，O2O各自排兵布陣

O2O市場就像一塊巨大的蛋糕，目前還沒有哪一家企業可以獨自吞下，阿里、京東、蘇寧等電商紛紛在此領域佈局，如天貓搶占社區終端，京東與便利店合作，蘇寧雲商雙線O2O融合等。這些電商「大佬」的排兵布陣勢必推動O2O的蓬勃發展。

（4）「巨頭」競相上市，市場格局漸清晰

聚美優品、京東、阿里巴巴先后上市，標誌著資本市場看好國內電商企業。國內網絡零售市場格局競爭更加激烈，市場格局

也更加清晰。

1.2.2 交易規模

中國電子商務研究中心監測數據顯示，截至 2014 年 6 月底，中國網絡零售市場交易規模達 10,856 億元，2013 年上半年達 7,542 億元，同比增長 43.9%，2014 年有望達到 27,861 億元。

1.2.3 占社會消費品零售總額比例

中國電子商務研究中心監測數據顯示，截至 2014 年 6 月底，中國網絡零售市場交易規模占到社會消費品零售總額的 8.7%，2013 年上半年達到 6.8%，同比增長 27.9%。中國電子商務研究中心預計，這一比例還將保持擴大態勢，到 2014 年年底有望突破 10%。

網購零售取得的效益日漸明顯，發展速度也超過預期，其中北京、上海、廣州、深圳、杭州等一二線城市這個比例遠遠超過平均水平，達到 20%～30%。因此網絡零售對推動經濟發展起到了一定的作用。未來電子商務與傳統零售的融合將進一步擴大。

1.2.4 市場份額

中國電子商務研究中心監測數據顯示，截至 2014 年 6 月底，中國 B2C 網絡零售市場（不含品牌電商）中，天貓市場份額排名第一，占 57.4%；京東名列第二，占據 21.1%；蘇寧易購列第三，占 3.6%；4~10 位排名依次為國美在線（3.3%）、唯品會（1.9%）、亞馬遜中國（1.5%）、當當網（1.2%）、騰訊電商（0.8%）、聚美優品（0.7%）、1 號店（0.6%）。

上述市場份額與排名根據上市電商上半年度的財報數據、往年數據及增長率綜合所得，其中財報數據截至 8 月 26 日。其中京東交易總額達 1071 億元，蘇寧易購交易規模約為 182 億元，國美電商交易額約為 162 億元，唯品會營收約為 94.1 億元，當當網營收為 61.5 億元，騰訊電商收入為 38.48 億元，聚美優品成交額約為 34.4 億元。

從中可看出，B2C 市場梯隊化越發明顯。天貓、京東位於第一梯隊，尤其在騰訊電商的 QQ 網購、拍拍網及易迅網並入京東後，雙寡頭局面更加明顯；蘇寧易購、國美在線、唯品會、亞馬遜中國位於第二梯隊；當當網、聚美優品、騰訊電商、1 號店位於第三梯隊。國內 B2C 市場格局日趨明顯。

1.2.5 用戶規模

中國電子商務研究中心監測數據顯示,截至 2014 年 6 月底,中國網購用戶規模達 3.5 億人,而 2013 年上半年達 2.77 億,同比增長 26.4%。預計 2014 年年底中國網絡購物用戶規模將達到 3.9 億人。網購用戶規模持續增長的原因有四點:

(1) 網絡購物環境日趨完善與成熟;

(2) 網購用戶開始慢慢向年長群體擴展,並向三四線城市下沉;

(3) 政府監管、物流以及支付環境日益成熟;

(4) 電商企業的技術支撐能力不斷提升。

1.3 本書的內容結構安排

全書共分 6 章:

第 1 章,緒論。本章分析電子商務的經濟學原理,介紹中國網絡零售的發展現狀。

第 2 章,網絡零售的商業模式和發展路徑。本章介紹網絡零售的經營類型和盈利模式,對比中美網絡零售的發展差異,指出

中國網絡零售的發展趨勢。

第 3 章，網絡零售的物流配送網絡設計。本章針對網絡零售商自營業務的物流配送模式，構建配送網絡設計的魯棒優化模型，目標是設計參數發生攝動時，網絡性能能夠保持穩健。提出確定遺憾值限定系數上限和下限的方法，允許決策者調節魯棒水平，選擇多種配送網絡結構；通過模型分解與協調，設計了網絡節點配置的求解算法。

第 4 章，網絡零售的產品定價。本章闡述網絡零售產品定價如何確定無差異價格區間、適時調整價格和價格細分的基本策略，從知名電子商務企業的應用實踐出發，分析典型的定價模式。針對網上零售的產品和物流服務存在分割報價和捆綁報價的價格形式，考慮消費者的策略行為，研究兩種報價的適用條件和影響機制。

第 5 章，網絡零售的物流服務質量控製。本章引入網絡零售商對物流服務質量的監督機制，分別以網絡零售商與物流服務商的利潤最大化為目標建立多階段博弈模型，給出雙方競爭的均衡策略。

第 6 章，網絡零售的營運模式決策。本章針對自營類網上商城開放第三方平臺吸引聯營商家后，自營商品同聯營商品產生直接競爭，構建模型研究網上商城和聯營商家的產品如何進行定價，如何確定聯營商家的佣金比例，才能保證雙方的產品均有利

可圖。考慮網絡零售商直接向製造商定制產品，在網站既銷售自有品牌產品也銷售製造商品牌產品，研究引入自有品牌后的定價與廣告投入決策。

參考文獻

［1］Tom Peters. The circle of innovation［M］. New York：Vintage，1999.

［2］Edward J Deak. The economics of e-commerce and the Internet［M］. Mason：Thomson South -Western，2004.

［3］孫大春. 淺析網絡經濟在經濟系統理論中的影響與作用［J］. 科技創新導報，2011（21）：190.

［4］劉寧，熊焰. 試論網絡經濟的經濟本質［J］. 北京工商大學學報：社會科學版，2003（4）：13-17.

［5］劉巧雅，汪虎山. 論網絡經濟中邊際效用遞增規律與規模經濟［J］. 技術與市場，2010（9）：150.

［6］商瑋. 網絡經濟環境下企業國際競爭力研究——基於波特鑽石模型的分析［D］. 杭州：浙江大學，2005.

［7］中國電子商務研究中心. 2014年（上）中國電子商務市場數據監測報告［EB/OL］.［2014-10-15］.http://www.100ec.cn.

2 網絡零售的商業模式和發展路徑

2.1 經營類型與盈利模式

關於網絡零售企業的經營類型,一般認為大體上可以分為開放平臺型電商、自營銷售型電商和產品品牌型電商。

(1) 開放平臺型

電商企業在線上零售活動中承擔聯繫賣方與消費者的媒介作用,不具備對平臺中所展示、銷售的商品及服務的所有權,以向賣家收取平臺管理費、廣告費、成交費用作為主要的收益來源。開放平臺型電商類似傳統零售業的賣場,提供銷售場地及賣場管

理、收銀服務和促銷服務，收取物業管理費、租金，不關心賣家具體商品的銷售情況。此類典型企業有淘寶、天貓商城、ebay等。

以天貓商城（tmall.com）為例。天貓商城原名淘寶商城，2012年正式更為此名，屬於綜合性的B2C購物網站，整合了數千家品牌商、生產商。消費者在天貓購買的產品都不是天貓商城自身經營的，而是入駐在天貓商城這個平臺內的商家出售的，天貓擔當提供、管理這個平臺的責任，並以從中收取各種費用為利。

首先，商家入駐天貓商城要繳納保證金。天貓商城明確要求：「天貓經營必須交納保證金，保證金主要用於保證商家按照天貓的規範進行經營，並且在商家有違規行為時根據天貓服務協議及相關規則規定用於向天貓及消費者支付違約金。保證金根據店鋪性質及商標狀態不同，金額分為5萬、10萬、15萬三檔。」

其次，商家需繳納技術服務年費。天貓商城規定：商家在天貓經營必須交納年費。年費金額以一級類目為參照，分為3萬元或6萬元兩檔，各一級類目對應的年費標準詳見「天貓2014年度各類目技術服務費年費一覽表」。

上述兩項收費項目是商家入駐天貓商城無論銷售額多少都需繳納的費用。

最后，商家還需上繳即時劃扣技術服務費。天貓商城規定：

商家在天貓經營需要按照其銷售額（不包含運費）的一定百分比（簡稱「費率」）交納技術服務費。天貓各類目技術服務費費率標準詳見「天貓2014年度各類目技術服務費年費一覽表」。天貓的即時劃扣技術服務費率大致為：服裝鞋帽、家居用品5%，食品、3C、圖書音像2%，汽車及配件3%，充值、網卡、手機業務0.5%等。

（2）自營銷售型

自營銷售型電商企業自主從製造商或代理商處採購商品，借助線上力量實現商品的銷售，在線上零售活動中自主經營，通過商品購銷差價獲得利潤。由於在採購商品時取得了商品的所有權，自營銷售型電商在銷售商品過程中承擔更大的風險，享有更大的利潤空間，企業具有較強的自主性。典型自營銷售型電商企業如京東、一號店、亞馬遜等。

當前在中國的自營銷售型電商選擇以低價採購、加價銷售商品作為主要的盈利模式，同時附加開放平臺型經營混合發展，與單一的自主經營模式相比，這種自營型加平臺型的混合模式有助於滿足企業高速擴張發展、規避風險的需要，同時實現了不同模式的盈利互補，提升了企業利潤。

京東商城、亞馬遜中國、一號店是典型的以自主經營為主附加平臺型發展的企業。京東商城原本以自主經營3C產品為主營業務，目前已發展成為集自主經營與第三方賣家於一體的綜合性

商城。亞馬遜中國也提供了開放型平臺吸引第三方賣家入駐銷售產品。一號店更是在開放平臺型經營模式下足了工夫，推出了專門的平臺網站「一號商城」，在這裡所有商品都是由商戶經營銷售，自營商品全部保留在原來一號店的網站上經營。

至於對入駐商家的收費項目，京東對入駐商家收取額度從 1 萬元到 10 萬元不等的保證金、6,000 元定額的每年平臺使用費以及交易服務費（交易服務費＝商家在京東商城以京東價售出的產品銷售額×商品對應的毛利保證率）。亞馬遜對入駐商家根據其銷售額收取額度 4%～15% 不等的佣金，不收取年費或平臺費，除了從 2013 年開始向圖書類目徵收保證金外，現在還沒有向其他品類徵收保證金。一號店向商家收取 1 萬元的保證金、650 元每月的平臺使用費以及 1%～6% 不等的銷售額佣金扣點。

（3）產品品牌型

企業投入資金研發自主品牌，然后組織產品生產或外包生產，通過在線渠道直接向終端消費者進行銷售。產品品牌電商既是產品的生產商，同時也是品牌產品的銷售商，最大程度地簡化了產品銷售渠道，有利於實現品牌企業的產銷一體化，提升品牌和消費者價值。典型企業如凡客誠品、優衣庫、小米手機以及個人電腦製造商聯想、戴爾的網上商城等。

2.2　中美網絡零售對比分析

無店鋪（non-store）零售商在美國的零售業態中，已經存在三個多世紀了。在網絡購物盛行之前，無店鋪零售主要有以電話銷售、郵購、直銷和自動售貨等方式。美國統計局的數據顯示，在美國網絡零售盛行之前的 1992 年，無店鋪零售就已經占到美國總零售額的 4.3%。原有的無店鋪零售業的營運，使得美國的顧客對網絡零售方式更容易接受。[1]

（1）稅收、質量保證和消費者信息

美國政府不遺余力地豐富和完善網絡零售相關法律法規。比如關於稅收問題，美國政府於 1998 年就頒布了《互聯網免稅法案》，2007 年小布什簽署通過了有效期至 2014 年 11 月 1 日的《互聯網免稅法案 2007 年修正案》。此外，美國政府還陸續出抬了《國際與國內商務電子簽章法》和《全球電子商務綱要》等。在中國，雖然學術界關於電子商務立法的呼聲很高，但是目前中國尚未出抬有力的相關法律法規。[1]

（2）市場結構

首先，中國網絡零售公司的市場集中度要高於美國網絡零售市場。位居市場份額首位的是開放平臺型的淘寶網和天貓商城，

其銷售額是諸多 B2C 的網絡零售商銷售額的加總（超過 50%）。緊隨其后的是以自主銷售為主又兼做開放型平臺的，比如亞馬遜和京東商城等。

其次，美國前 10 位的網絡零售企業中，大約一半是由傳統零售商經營的[1]。而中國前 10 位的 B2C 網絡零售公司中，只有蘇寧易購、國美在線是由傳統家電零售商經營的，其他均屬於新興的網絡零售商。

過去中國傳統零售商更注重擴大實體門店的規模，搶占市場份額。而美國的傳統零售業由於處在成熟期，有更大的動力借助網絡零售開闢新的業務增長點。沃爾瑪在 2000 年就開始嘗試進行網絡零售，而國內的傳統零售商基本是在 2009 年才開始試運行線上業務。

在中國傳統零售業未顧及網絡零售的時間裡，網絡零售大部分採取開放平臺型的營運模式，無論是 B2C 還是 C2C 都為后進入者設定了很高的資金壁壘，網絡零售交易平臺隨著用戶數目增加、市場規模變大而趨向寡頭壟斷。淘寶網市場份額一家獨大就是典型。后續進入網絡零售領域的很多企業都因為資金鏈的斷裂而破產，現存的京東商城等企業依靠一輪輪的融資進行經營。

最后，美國網絡零售公司的差異化水平明顯高於中國。美國前幾位網絡零售商中，有蘋果和戴爾這樣的網絡直銷店，也有傳統辦公用品零售商開拓的網絡銷售渠道，還有傳統超市、購物中

心等零售商建立的銷售網站。即使同樣經營百貨類產品，美國大部分網絡零售商也有獨特的定位，比如 Amazon 經營的百貨以圖書為主，Walmart 是超市百貨，Liberty Interactive 經營的是鞋服配飾類為主的百貨[1]。中國前幾名網絡零售商中，除了一號店定位為超市百貨、凡客誠品定位為服裝之外，其餘幾家雖然在一開始都是主打某一領域的產品，比如當當主打圖書，京東商城、蘇寧易購、國美在線主打家電，但是之後都不約而同地選擇了產品類別多樣化的綜合路線，同質化現象非常嚴重，這導致中國網絡零售商的價格競爭異常激烈，整體盈利性較差。

（3）消費結構

中國網絡零售市場中熱銷的商品主要有服裝、家電、數碼產品和圖書等。根據國際市場研究機構 eMarketer 的調查報告，美國網絡零售主要以 IT 數碼通信、鞋服飾品以及圖書音像製品為主。除此之外，美國網絡零售市場中旅遊、票務等的業務規模也明顯高於中國。和美國相比，中國網絡零售市場上消費者在衣著消費支出的比重偏高，這與中國總體經濟水平和國民消費能力低於美國是相關的。美國的服務業發展水平高於中國，所以在網絡零售中，美國市場中服務類產品的比重也會高於中國[1]。

2.3 中國網絡零售的發展趨勢

2.3.1 線上和線下的融合

線上線下（Online to Offline，O2O）模式的本質，是使商品與消費者相互可以更便捷地匹配。它既要充分利用互聯網的海量信息和無邊界性，又要充分挖掘線下資源。這裡面的場景化消費是其重要特徵，它使得客戶與所處的環境緊密結合，為這些客戶提供與所處場景密切相關的互聯網服務。因此，O2O 不是簡單的單向過程，而是互相融合滲透的過程：①把線下客戶引入線上實現銷售，線下門店成為線上平臺的入口資源；②把線上客戶引到線下完成必須在線下實現的消費，以體驗、娛樂、餐飲的服務業消費為主。

零售商家們應該明白，實體店與網絡影響力相互結合，才是幫助企業實現長期持續性盈利的最好方式。當然，這種做法有悖於傳統的思維，但並無大礙，因為這的確是一種較好的方式。最新的一項調查表明，只有 88% 的受訪者贊同以下觀點：「在線商務的未來更多地取決於交叉渠道或整合后的渠道能力。」

（1）線下實體零售拓展線上業務

電子商務的崛起使傳統零售企業面臨銷售額增長下滑、人才

流失、競爭加劇的尷尬處境。曾經「衣食無憂」的傳統零售企業倍感焦慮，在抱怨和叫苦聲中開始尋找變革之路，開拓線上銷售渠道。

因為原有的各方面資源，傳統零售商進入網絡零售的壁壘相對較小，並且在發展的過程中已經逐漸形成了有特色的戰略定位和客戶消費群，能夠將傳統差異化競爭優勢延續到網絡零售上。同時，這種差異化很好地減少了網絡零售商之間的價格競爭，提高了行業的整體盈利水平。

2013年3月，蘇寧電器正式更名為蘇寧雲商，確定了「店商＋電商＋零售服務商」的「雲商模式」，即致力於打造線下連鎖店面平臺和線上電子商務兩個平臺，以雲技術為支撐，以開放平臺為架構，服務全產業，服務全客戶群，形成多渠道融合、全品類經營、開放平臺服務的業務形態。目前，蘇寧在全國重點城市已推出了首批1.0版本互聯網門店，實現了線下線上購物體驗的融合。

除家電零售企業外，百貨、購物中心、超市、家居等傳統零售企業也積極導入互聯網思維，試水O2O模式。據報導，萬達廣場、王府井、廣州友誼、杭州解百、海寧皮城、宏圖高科、文峰股份、友阿股份、南京中商、物美商業等零售企業亦紛紛披露在籌劃O2O模式。

(2) 線上零售商開設線下實體門店

值得注意的一個有趣現象是在線下實體零售企業轉型拓展線

上零售業務的同時，線上零售企業也開始積極佈局線下門店。

2014年10月10日，華爾街日報網站報導，據消息人士透露，亞馬遜計劃在紐約曼哈頓繁華的第34大街開設首家實體店，預計在聖誕銷售季開張，這標誌著亞馬遜首次嘗試向逛街購物的消費者拋出橄欖枝[3]。亞馬遜成功的基礎是有競爭力的價格和快速送貨，但迄今為止，亞馬遜在即時性上還不是傳統實體店的對手。

亞馬遜首家實體店將充當小型倉庫，有限的庫存將用於儲備紐約需要當天送達的貨物，並提供退換貨和線上下單、線下取貨服務，包括沃爾瑪、家得寶、梅西百貨在內的零售商都提供線上下單、線下取貨服務。提供快遞服務的其他公司，例如Google、eBay、創業公司Deliv，都從商店而非倉庫取貨，然后給客戶送貨。

亞馬遜之前曾試水實體店，其中包括品牌遊擊店（pop-up shop）和旗下分公司開設的實體店。2013年11月，亞馬遜曾通過自動銷售機在美國各地的商場中銷售Kindle電子閱讀器和平板電腦；旗下Zappos分部有一家實體店，並曾經在拉斯維加斯經營數家實體店；旗下Quidsi分部在紐約曼哈塞特經營有一家化妝品店。

亞馬遜還曾在全美各地的便利店和室內停車場設立專櫃，提供送貨和退貨服務，但不提供當天送達的服務。最初亞馬遜只在

西雅圖開設了專櫃。專櫃獲得了相當大的成功，於是亞馬遜把這種零售方式推廣到多個城市甚至海外。

一名瞭解亞馬遜計劃的知情人士指出，亞馬遜開實體店的部分靈感來自 Home Retail Group PLC，后者使客戶能在 eBay 上訂貨，然后在其 Argos 連鎖店取貨。預計到 2014 年年底，該公司將在其 650 家連鎖店為 6.5 萬家 eBay 賣家提供這一服務。包括 Bonobos、Warby Parker 和 Birchbox 在內的其他電商也開設了實體店。Bonobos 2011 年開設了第一家實體店，並計劃到 2016 年將實體店數量增加到 40 家。這些實體店庫存有限，客戶可以通過實體店選擇服裝的尺碼和樣式。Bonobos CEO 安迪·鄧恩（Andy Dunn）表示，在實體店訂購服裝的客戶的支出約為網上購物客戶的 2 倍。

2.3.2 移動電商

中國電子商務研究中心（WWW.100EC.CN）監測數據顯示，截至 2014 年 6 月底，中國移動電子商務市場交易規模達到 2,542 億元，而 2013 年上半年此數據為 532 億元，同比增長 378%，依然保持快速增長的趨勢。智能手機、平板電商的普及，3G 以及 WIFI 網絡環境的日漸優化，培養了人們移動購物的習慣，對推動移動購物交易額的增長起到了重要的作用。[4] 未來移動購物的規模還會有大幅增長，原因如下：

(1) 移動互聯網日漸普及，4G 戰略啓動

2013 年年底，工信部發放 4G 牌照，隨后，中國移動啓動 4G 戰略。2014 年第一季度，中國電信、中國聯通相繼公開披露 4G 資費信息，4G 商用進程全面啓動。4G 網絡的普及，有助於加快移動端上網速度，提升用戶移動端上網體驗，進而推動移動購物市場發展。

(2) 純電商和傳統零售企業紛紛佈局移動端

隨著微信的快速發展和移動用戶規模的擴大，電商企業、傳統零售企業對移動營銷逐漸認可。如世紀聯華、銀泰百貨等企業的微信支付、支付寶等移動渠道加上各類 APP 應用，大幅促進了用戶移動購物頻次增加，也將推動移動電商的進一步發展。

(3) 用戶結構的變化助推移動電商的增長

目前越來越多的用戶通過智能手機或平板電腦訪問互聯網。用戶上網習慣的改變以及企業在移動端的各類活動也促進了移動電商規模的增長。

參考文獻

[1] 呂玉明，呂慶華. 中美網絡零售業比較與中國網絡零售業發展路徑研究 [J]. 宏觀經濟研究，2013（4）：100-106.

［2］牛禄青. 零售業轉型 O2O［J］. 新經濟導刊, 2014（1~2）: 68-71.

［3］Greg Bensinger, Keiko Morris. Amazon to open first brick-and-mortar location［J/OL］. Wall Street Journal, 2014-10-09. http://www.wsj.com/articles/amazon-to-open-first-store-1412879124.

［4］中國電子商務研究中心. 2014 年（上）中國電子商務市場數據監測報告［EB/OL］.［2014-10-08］. http://www.100ec.cn.

3 網絡零售的物流配送網絡設計

3.1 引言

　　網絡零售不同於傳統的零售行業，網絡零售的商品陳列具有虛擬化、多樣化的特點，而且品類廣而全。產品宣傳推廣、客戶服務以及購買支付等，都通過網絡完成。消費者瀏覽網頁可以看到商品，卻無法觸及，商品最終必須通過物流配送交付到消費者手中，消費者現場確認，完成交易結算或選擇拒收退貨。由於網絡零售中產品銷售具有分散性、不確定性和不可預測性，「最后

一公里配送」成為網絡零售成敗的關鍵。[1]

網絡零售利用互聯網的便利性直接從網上接受消費者訂單，然后將商品直接從配送中心發貨送到消費者手中，省略了傳統實體零售中配送中心到門店的中間環節。為了提高客戶滿意度，一般網絡零售企業會將配送時效劃分為幾個等級作為服務提供給終端客戶。由於個人消費者分散於城鄉各個角落，網絡零售的物流配送可以劃分為兩個階段：配送中心（訂單處理中心）至區域中轉站（配送站點）；區域中轉站（配送站點）至終端消費者地址。

目前網絡零售配送網絡的規劃大致分為三種模式[1]：

（1）所有訂單全部由一個中央物流中心配送。對於輻射範圍及規模較小的網絡零售商而言，這種方法是可行的。但隨著配送範圍的擴展，成本會急遽增加，配送成為制約企業發展的瓶頸。

（2）劃分大區，建設區域物流中心，各區域物流中心以管轄範圍內的訂單為主，同時承擔部分區域外的訂單配送，區域間的商品流動採取調撥的方法進行調配。這種方法能夠幫助網絡零售商在增大銷售範圍的同時，有效減少區域內配送成本的支出。但隨著訂單量和品種數急速增加，區域配送的成本會出現大幅反彈。

（3）在原有區域物流中心基礎上，建設二級或多級地方配送中心。此時需要對多區域多倉庫的商品庫存和採購配送進行合理統籌和分配，這是網絡零售商面臨的關鍵問題。

3.2 文獻綜述

　　物流網絡設計中的供應商選擇、設施選址和能力決策是企業戰略設計中的經典營運管理問題。著名個人消費品製造商寶潔公司曾在 20 世紀 90 年代重構了其北美的分銷系統，1996 年項目完成后，寶潔工廠數量減少了大約 20 個，每年節約近 2,000 萬美金（Camm et al., 1997）。一個物流網絡設計需要有效整合供應商、工廠或配送中心以及客戶區域，才能在未來的動態市場中為企業提供足夠的柔性，增強企業的長期競爭優勢。[2]

　　傳統上，物流網絡設計通常基於確定性假設，運用整數規劃和啟發式方法解決，供給、需求、成本和價格等參數被認為是不變動的常量。然而，既然網絡設計需要在未來市場情況出現之前進行，這樣的假設顯然不一定是真實的，而且存在相當大的市場風險：如果市場規模被低估，會出現工廠或配送中心能力不夠，造成投資成本增加，浪費時間，喪失市場份額；如果市場規模被高估，容易造成能力過剩，初始投資浪費。因此，在物流網絡設計過程中，需要考慮未來可能出現的各種市場情形，保持網絡性能（成本或利潤）的魯棒性（robustness）。

　　Snyder（2006）將不確定環境下的設施選址研究進行了綜述，

指出了未來的研究方向：極小化極大問題的精確算法、不確定環境的供應鏈網絡設計、隨機規劃技術的應用、通用的啓發式算法。[3]

為了使物流網絡設計更具現實意義，確保企業長遠穩健營運，不確定性建模成為近年來學術界的研究熱點。Klibi et al. (2010) 提供了這一領域的最新研究進展，提出未來可以在以下幾方面進行研究：供應鏈網絡風險分析、危險事件建模（hazards modeling）、情景模擬、基於價值的設計模型、魯棒性建模、彈性（resilience）和回應性（responsiveness）建模等。[4]

根據魯棒性的度量方法，最常見的有極小化極大遺憾方法和 p 魯棒（p-robust）方法。極小化極大遺憾方法應用於概率分佈未知的情況，p-robust 方法則針對已知的離散分佈情形。

Kouvelis et al.（1994）首次運用極小化極大遺憾方法研究 1-median 問題，並提出了不確定離散情形下模型的多項式時間算法[5]。隨后，針對不同類型單設施魯棒選址問題（1-median and 1-center）的算法和計算複雜性被后續學者相繼討論（Chen and Lin, 1998, Averbakh and Berman, 2000a, Averbakh and Berman, 2000b, Berman et al., 2003, Averbakh, 2003, Averbakh and Bereg, 2005, Conde, 2007）[6-12]。

p-robust 概念最初由 Kouvelis et al.（1992）在設施佈局研究中提出[13]，后來又被應用在國際採購和網絡設計中（Gutiérrez and Kouvelis，1995；Gutiérrez et al.，1996；Kouvelis and Yu，1997)[14-16]。這種方法以最小化期望成本作為目標函數，保證網絡設計方案在每一個不確定情景（scenario）下的目標函數值同該情景確定發生后的最優目標函數值二者之間的相對遺憾不超過100p%，p 稱作相對遺憾限定值。Snyder and Daskin（2006）採用 p-robust 方法研究了兩種經典單設施選址問題：① p-Median 問題（PMP）；② 無能力約束的固定費用選址問題（Uncapacitated Fixed-charge Location Problem，UFLP）。採用 Lagrangian 松弛法對變量進行分離，將原問題轉化為多個背包問題（knapsack problem）進行求解[17]。

確定性或不確定環境下的設施選址和物流網絡設計問題已經被研究多年（Holmberg and Hellstrand，1998；Holmberg and Yuan，2000；MirHassani and Lucas，2000；Tsiakis and Shah，2001；Agarwal，2002；Ghamlouche et al.，2003；Alonso–Ayuso and Escudero，2003；Santoso et al.，2005；Rafael et al.，2006；Ravi and Sinha，2006；Atamtürk and Zhang，2007；Poojari et al.，2008；Pan and Nagi，2010)[18-30]，現有研究主要針對的是算法設計，忽視了另一個重要問題，即遺憾限定值 p 對物流網絡設計決策的影響。在可查詢的文獻資料中，p 通常被假定為一個已知的常量。然而，p 的取值不合適，要麼使相對遺憾限定成為冗余約束（取值過大），要麼造成模型無可行解（取值過小），所以需要研究 p 值相關的

一系列問題，如 p 的上限和下限如何確定、如何影響魯棒的物流網絡設計等。這些對物流網絡設計具有重要的幫助作用。

目前國內的研究主要集中在物流或供應鏈魯棒運作策略[31-38]，針對戰略層的物流網絡魯棒設計的研究不多。黃小原、晏妮娜（2007）回顧了供應鏈魯棒性問題的研究進展，指出供應鏈網絡連接的魯棒性是未來的研究方向之一[39]。趙曉煜、汪定偉（2002），計小宇、邵震（2007）運用模糊規劃研究了不確定條件下的供應鏈網絡設計問題，但沒有考慮魯棒性[40-41]。

同現有國內外研究文獻相比，本章主要貢獻在於：

（1）基於魯棒策略建立了從上游供應商選擇到下游設施選擇—需求分配的物流配送網絡設計模型。

（2）提出了確定遺憾值限定系數上限和下限的方法，允許決策者對魯棒水平進行調節，選擇多種供應鏈網絡結構。

（3）設計了基於禁忌搜索的求解算法。

（4）驗證了魯棒優化模型設計物流網絡能否有效降低投資風險。

3.3 問題描述及數學模型的建立

目前亞馬遜中國、京東商城、當當網等網絡零售商自營業務的物流配送模式為：在中心城市自建中央配送中心，在一般省會城市、地區和縣級城市採取租借外包的形式建立區域配送中心或配送點；送貨運輸業務由自身控股的物流公司或其他第三方物流公司執行[42]；以配送點為主要配送對象，將商品由中央配送中心或區域配送中心送達配送點后，按照顧客所選擇的終端配送方式將商品交付給顧客。其基本配送流程為：顧客將訂單傳到網絡零售企業，並選擇配送方式。[43]根據配送方式不同，配送流程分兩類：

（1）如果顧客選擇自行取貨的配送方式，應同時指定配送點和取貨時間，網絡零售企業將訂單信息傳到配送中心，配送中心向配送點送貨，顧客在指定的時間範圍內到配送點取貨。

（2）如果顧客選擇送貨上門的方式，則有兩種配送途徑：一種是先將商品配送至配送點，再由配送人員送貨上門；另一種是由配送中心直接送貨上門。

阿里巴巴和亞馬遜中國、京東商城、當當網等的聯營業務一般由賣家選擇同網絡零售商有合作關係的第三方物流公司（快遞

企業）執行。由於各快遞公司是相對的經營實體，網絡零售商缺乏對物流配送業務統籌協調的管控能力，往往在節假日或「雙十一」等促銷優惠活動集中的時段造成快遞「爆倉」，大量快件滯留在始發站或中轉站，無法按時送達消費者。「爆倉」的影響不僅在於快件滯留和延遲發送引發的「快遞不快」，給網絡零售商帶來退貨、倉儲成本增加、貨物堆積損毀等損失，還在於網絡零售商若不能有效解決物流瓶頸，還將直接降低消費者的網購熱情和滿意度，進而影響到自身的品牌形象，存在喪失先機以及掣肘其優勢發揮的危險，進而面臨被市場淘汰的威脅[44]。

當前，像阿里巴巴這類只提供交易平臺的電商企業的物流瓶頸在於倉儲配送中心建設不足或佈局不合理。倉儲配送中心對於整個電商物流網絡就如碼頭對河流的重要意義一樣，沒有碼頭的週轉、分揀，貨物無法高效流轉。雖然第三方物流自身也在這方面做了很大的努力，但更多局限於企業自身，同時由於能力有限，很難實現規模效應。因此，從2012年開始，阿里巴巴從電子商務物流網絡全局高度，在全國投資規劃佈局物流倉儲配送中心，將所擅長的平臺運作轉移到物流實體領域，實現阿里巴巴網購平臺向物流倉儲配送中心的延伸。[44]

為了研究方便又不失一般性，這裡將網絡零售物流配送網絡的節點劃分為四種類型：供應商、配送中心（自建或外包）、配送點和客戶區域。擬解決的關鍵問題是考慮設計參數的不確定

性，在滿足能力約束條件的基礎上，確定物流配送的渠道結構，使物流配送的性能在參數攝動時，能夠保持穩健性，從而有效地規避市場風險。其典型的決策包括設施選址（位置、能力）、需求和供給的分配、供應商的選擇等。

數據的不確定性使用一組離散的情景（scenario）進行描述，每組情景數以一定的概率發生（Kouvelis et al., 1992；Gutiérrez and Kouvelis, 1995；Gutiérrez et al., 1996；Snyder and Daskin, 2006）[13-15][17]，不同情景下成本、需求和供給能力各不相同（Santoso et al., 2005），同時為了防止串貨，每一客戶區域只能接受來自一個配送點的貨物供給（Tsiakis et al., 2001 and Kouvelis and Su, 2007）[21][45]。

為了敘述方便，統一規定使用以下符號：

(1) 基本參數

i——供應商編號，$i = 1, 2, \cdots, I$；

j——配送中心編號，$j = 1, 2, \cdots, J$

k——配送點編號，$k = 1, 2, \cdots, K$；

n——客戶區域編號，$n = 1, 2, \cdots, N$；

f——成品編號，$p = 1, 2, \cdots, P$；

s——情景編號，$s = 1, 2, \cdots, S$；

sc_{if}^{s}——s 情景下供應商 i 對產品 f 的供給能力（件）；

a_{f}^{s}——s 情景下在配送中心或配送點單位產品 f 占用的能力

(標準箱/件);

d_{nf}^{s} —— s 情景下客戶 n 對產品 f 的需求（件）;

（2）成本參數

φ_{if}^{s} —— s 情景下從供應商 i 購買產品 f 引起的間接成本（元）;

$\chi_{j}^{s_1}$ —— s 情景下自建配送中心 j 的固定營運成本（含建設投資）（元）;

$\chi_{j}^{s_2}$ —— s 情景下外包配送中心 j 的固定營運成本（元）;

κ_{k}^{s} —— s 情景下外包配送點 k 的固定營運成本（元）;

$\theta_{j}^{s_1}$ —— s 情景下自建配送中心 j 的單位能力成本（元/標準箱）;

$\theta_{j}^{s_2}$ —— s 情景下外包配送中心 j 的單位能力成本（元/標準箱）;

σ_{k}^{s} —— s 情景下外包配送點 k 的單位能力成本（元/件）;

μ_{ijf}^{s} —— s 情景下從供應商 i 到配送中心 j 產品 f 的交貨價格（元/件）;

β_{jf}^{s} —— s 情景下配送中心 j 對產品 f 的單位作業成本（元/件）;

γ_{kf}^{s} —— s 情景下配送點 k 對產品 f 的單位作業成本（元/件）;

η_{jkf}^{s} —— s 情景下從配送中心 j 到配送點 k 產品 f 的單位運輸成本（元/件）;

λ_{knf}^{s} —— s 情景下配送點 k 到客戶區域 n 產品 f 的單位運輸成

本（元/件）；

τ_{knf}^{s}——s 情景下配送點 k 對客戶 n 產品 f 的單位缺貨帶來的損失成本（元/件）；

（3）設計變量

X_{if}——如果選擇供應商 i 供應產品 f，$X_{if}=1$，否則 $X_{if}=0$；

Y_{j}^{1}——如果自建配送中心 j，$Y_{j}^{1}=1$，否則 $Y_{j}^{1}=0$；

Y_{j}^{2}——如果外包配送中心 j，$Y_{j}^{2}=1$，否則 $Y_{j}^{1}=0$；

Z_{k}——如果外包配送點 k，$Z_{k}=1$，否則 $Z_{k}=0$；

U_{kn}——如果配送 k 對客戶區域 n 送貨，$U_{kn}=1$，否則 $U_{kn}=0$；

CD_{j}^{1}——自建配送中心工廠 j 的能力；

CD_{j}^{2}——外包配送中心工廠 j 的能力；

RD_{k}——外包配送點 k 的能力。

（4）控製變量

g_{ijf}^{s}——s 情景下從供應商 i 到配送中心 j 產品 f 的採購量；

q_{jkf}^{s}——s 情景下從配送中心 j 到配送點 k 產品 f 的發貨量；

r_{knf}^{s}——s 情景下從配送點 k 到客戶區域 n 產品 f 的發貨量；

v_{knp}^{s}——s 情景下配送點 k 對客戶區域 n 產品 f 的缺貨量。

3.3.1 約束條件

一般情況下,物流配送網絡設計存在三種約束條件:能力約束、節點流量平衡約束和需求約束。

(1) 能力約束

產品採購變量 g_{ijf}^s 與供應商選擇變量 X_{if} 之間存在如下的關係約束:

$$\sum_j g_{ijf}^s \leq sc_{if}^s X_{if} \qquad \forall i, m, s \qquad (1)$$

配送中心產品的進貨和出貨總量不能超過其能力:

$$\sum_i \sum_f g_{ijf}^s + \sum_k \sum_f a_{jf}^s q_{jkf}^s \leq CD_j^1 + M(1 - Y_j^1) \qquad \forall j, s \qquad (2)$$

$$\sum_i \sum_f g_{ijf}^s + \sum_k \sum_f a_{jf}^s q_{jkf}^s \leq CD_j^2 + M(1 - Y_j^2) \qquad \forall j, s \qquad (3)$$

在式(2)和(3)中,M 是足夠大的正數。如果配送中心不被設立,該約束失效。

配送點的吞吐量為進貨量與出貨量之和,不能超過其吞吐能力:

$$\sum_j \sum_f q_{jkf}^s + \sum_n \sum_f r_{knf}^s \leq RD_k \qquad \forall k, s \qquad (4)$$

(2) 節點流量平衡約束

對於配送中心 j,進貨量和出貨量應保持平衡:

$$\sum_i g^s_{ijf} - \sum_k q^s_{jkf} = 0 \qquad \forall j, f, s \qquad (5)$$

配送點的進貨量等於出貨量：

$$\sum_j q^s_{jkf} - \sum_n r^s_{knf} = 0 \qquad \forall k, f, s \qquad (6)$$

配送點的出貨量與客戶需求量、缺貨量存在以下關係：

$$v^s_{knf} + r^s_{knf} \geq U_{kn} d^s_{nf} \qquad \forall n, f, s \qquad (7)$$

（3）需求約束

能力設計變量與選址設計變量之間應保持如下約束：

$$CD^1_j \leq \Phi Y^1_j \qquad \forall j \qquad (8)$$

$$CD^2_j \leq \Phi Y^2_j \qquad \forall j \qquad (9)$$

$$RD_k \leq \Phi Z_k \qquad \forall k \qquad (10)$$

在以上（8）～（10）式中，Φ 為足夠大的正數。

配送中心要麼自建，要麼外包，或者二者均不設立：

$$Y^1_j + Y^2_j \leq 1 \qquad \forall j \qquad (11)$$

每一客戶區域只能接受來自一個配送點的送貨：

$$\sum_k U_{kn} = 1 \qquad \forall n \qquad (12)$$

3.3.2 目標函數

配送中心、配送點的固定營運成本與供應商選擇固定成本：

$$\xi^s_F = \sum_i \sum_m \varphi^s_{if} X_{if} + \sum_j \chi^{s_1}_j Y^1_j + \sum_j \chi^{s_2}_j Y^2_j + \sum_k \kappa^s_k Z_k$$

配送中心、配送點的能力獲取成本：

$$\xi_C^s = \sum_j \theta_j^s CD_j^1 + \sum_j \theta_j^s CD_j^2 + \sum_k \sigma_k^s RD_k$$

產品的購買成本：

$$\xi_M^s = \sum_i \sum_j \sum_m \mu_{ijf}^s g_{ijf}^s$$

配送中心和配送點的作業處理成本：

$$\xi_P^s = \sum_j \sum_f \beta_{jf}^s \sum_k q_{jkf}^s + \sum_k \sum_f \gamma_{kf}^s \sum_n r_{kfn}^s$$

配送中心到客戶區域之間的運輸成本：

$$\xi_T^s = \sum_j \sum_k \sum_f \eta_{jkf}^s q_{jkf}^s + \sum_k \sum_n \sum_f \lambda_{knf}^s r_{knf}^s$$

由於不能有效滿足客戶需求，會導致銷售機會損失、企業信譽受損、交貨延遲補償，引發缺貨懲罰成本（shortage penalty cost）：

$$\xi_L^s = \sum_k \sum_n \sum_f \tau_{knf}^s v_{knf}^s$$

$\forall s$，供應鏈網絡設計總成本：

$$\xi_s = (\xi_F^s + \xi_C^s) + (\xi_M^s + \xi_P^s + \xi_T^s + \xi_L^s)$$

3.3.3　整合的供應鏈網絡魯棒設計模型

在建立模型前首先進行如下定義：

對於給定的情景 s，若模型的參數是確定的，此時物流配送網絡設計問題屬於傳統的確定性優化問題，記為 DM_s。

$DM_s : \min \xi_s$

s.t. （1）~（12）

$$g_{ijf}^s, q_{jkf}^s, r_{knf}^s, v_{knp}^s \geq 0 \quad \forall i, j, k, m, n, p, s \quad (13)$$

$$X_{im}, Y_j^1, Y_j^2, Z_k, U_{kn} \in \{0, 1\} \quad \forall i, j, k, n \quad (14)$$

$$CD_j^1, CD_j^2, RD_k \geq 0 \quad \forall j, k \quad (15)$$

（13）~（15）式為變量取值範圍約束，其他約束條件同 3.3.1 所述。

對於每個確定性優化問題，它們的結構是相同的，僅僅參數的數值存在差異。令優化后的目標函數值為 ξ_s^*。取參數 $p > 0$，若設計變量 $x = \{X_{im}, Y_j^1, Y_j^2, Z_k, U_{kn}, CD_j^1, CD_j^2, RD_k\}$ 是對於所有確定性優化問題 DM_s 的一組可行解，該可行解對應的 DM_s 目標函數值為 $\xi_s(x)$。

當且僅當 $\forall s$，$[\xi_s(x) - \xi_s^*]/\xi_s^* \leq p$ 時，稱 x 為物流配送網絡設計問題的魯棒解。

上式的左邊稱為相對遺憾值，絕對遺憾值由 $\xi_s(x) - \xi_s^*$ 給定。相對遺憾值同絕對遺憾值可以通過乘以或除以常數 ξ_s^* 進行相互轉換。

從以上定義中可以知道，物流配送網絡設計問題可能存在多個魯棒解，而魯棒優化的目的在於找到最佳的魯棒解，這裡取系統的平均總成本作為優化目標。由此可以建立整合的物流配送網絡設計魯棒優化模型 RM：

ρ_s —— s 情景出現的概率；

p —— 遺憾值限定系數；

$RM : \min \xi = \sum_s \rho_s \xi_s$

s.t. (1) ~ (15)

$\xi_s \leq (1+p)\xi_s^*$ $\quad \forall s$ (16)

約束條件（16）保證給定情景的可行解目標函數值不超過確定性最優目標函數值的一定範圍。

3.4 遺憾值限定系數的上限和下限

對於魯棒優化模型，決策者面臨的一個關鍵問題是通過動態調整遺憾值限定系數 p，調控物流配送網絡的魯棒水平。本部分採用下列方法來確定 p 的上限和下限值。

一方面，隨著 p 的減小，模型可能不存在可行解，所以存在一個下限值 p_{LB}；另一方面，當 p 增加到某個數值，約束（16）會成為冗余，此時模型 RM 等價於隨機規劃模型，這樣存在一個上限值 p_{UB}。

為了得到 p_{LB}，可以求解以下模型：

$$\min p$$

s.t. （1）~（15）

$$\xi_s \leq (1+p)\xi_s^* \qquad \forall s$$

$$p \geq 0$$

很顯然，若 p 增大，可行解區域變大，存在更優的解使目標函數達到某一最小值 $\xi_{\min}$，可以通過求解下面的隨機規劃模型（SM）得到 $\xi_{\min}$。

$$SM: \min \xi = \sum_s \rho_s \xi_s$$

s.t. （1）~（15）

獲得 $\xi_{\min}$ 以后，可以通過以下模型求解 p_{UB}：

$$\min \xi = \sum_s \rho_s \xi_s$$

s.t. （1）~（15）

$$\xi_s \leq (1+p)\xi_s^* \qquad \forall s$$

$$\xi = \xi_{\min}$$

所以，通過上述方法，對於所有可能的 p，得到一系列可行解 x，這意味著決策者可以根據目標函數值 ξ 和遺憾值限定系數 p 的大小進行權衡，存在多種供應鏈網絡結構可供選擇。

3.5 算法設計

在計算複雜性上，目前已知道有能力約束的工廠選址問題（capacitated plant location problem，CPLP）屬於 NPC 問題[28]，本部分所研究的供應鏈網絡設計問題可以看作由多個 CPLP 組成的集合體，因此它至少也是一個 NP-hard（NPC ⊂ NP-hard）問題，對這種類型的問題一般很難找到精確的求解算法。以下的研究均圍繞啓發式算法進行論述。

3.5.1 模型的分解與協調

∀s，確定性模型 DM_s 可以分解為兩部分：一部分（BM_s）只含 0-1 變量，確定供應鏈網絡的節點配置，使用禁忌搜索技術在解空間進行搜索；另一部分（CM_s）只包含連續變量，確定網絡節點之間的流量和設施能力，使用線性規劃方法求解。

其基本思路是：

（1）求解 BM_s 模型，並向 CM_s 模型發送優化解。

（2）對於給定的優化解，求解 CM_s 模型，兩個模型目標函數值相加得到原問題的一個上限值。

（3）在可行解鄰域內如此反覆進行，不斷搜索更優的解，更新上限，使上限不斷縮小，算法在有限步驟內終止。

為了避免在 CM_s 模型中出現解全為 0 的情況，需要對 BM_s 模型進行必要的修正，分別表示如下：

BM_s：$\min \xi_{BM}^s [x_{BM} = (X, Y^1, Y^2, Z, U)]$

s.t. $\sum_j (Y_j^1 + Y_j^2) \geq 1$；$\sum_k Z_k \geq 1$；$Z_k \geq U_{kn} \ \forall k, n$ （17）

$X, Y^1, Y^2, Z, U \subseteq \Psi_{BM}$（0-1 變量約束集合）

添加（17）式，表示物流配送網絡中至少設立一個配送中心和一個配送點。

CM_s：$\min \xi_{CM}^s [(g, q, r, v, CD^1, CD^2, RD) \mid x_{BM}]$

s.t. $g, q, r, v, CD^1, CD^2, RD \subseteq \Psi_{CM}(x_{BM})$（給定 x_{BM} 對應的連續變量約束集合）

3.5.2 節點配置的禁忌搜索關鍵技術

所謂禁忌就是禁止重複前面的工作，以避免鄰域搜索陷入局部最優。禁忌表記錄已經達到的局部最優點。在下一次搜索中，根據禁忌表中的信息不再或有選擇地搜索這些點，從而跳出局部最優點。

（1）解的表示形式

0-1設計變量分別用矩陣表示如下：

$x = (X, Y^1, Y^2, Z, U) =$

$$\begin{bmatrix} 1 & 0 & \cdots & 1 \\ 0 & 1 & \cdots & 1 \\ \vdots & \vdots & & 0 \\ 1 & 1 & \cdots & 0 \end{bmatrix}_{I \times M} \begin{bmatrix} 1 \\ 0 \\ \vdots \\ 1 \end{bmatrix}_{J \times 1} \begin{bmatrix} 1 \\ 0 \\ \vdots \\ 1 \end{bmatrix}_{J \times 1} \begin{bmatrix} 0 \\ 1 \\ \vdots \\ 1 \end{bmatrix}_{K \times 1} \begin{bmatrix} 0 & 0 & \cdots & 0 \\ 1 & 0 & \cdots & 0 \\ \vdots & \vdots & & \vdots \\ 0 & 1 & \cdots & 1 \end{bmatrix}_{K \times N}$$

（2）鄰域結構

考慮約束條件（11）、（17）式在可行集合內構造鄰域，採取如下的構造規則：

①矩陣 X 任選兩行，然后在這兩行的列位置任選兩點作為交叉點，交叉點之間的部分進行互換，互換后驗證可行性：若 $sc_{if} = 0$，矩陣 X 的元素 $X_{if} = 0$。最多存在 $C^2_{|I|} \times |M|$ 種可能的狀態。

②在矩陣 Y^1 中等概率地選取一個元素為1，矩陣 Y^2 對應行元素為0；矩陣 Y^1 其他位置任選兩個元素，使0變為1，1變為0，在矩陣 Y^2 中保證對應行元素同矩陣 Y^1 對應行元素之和不超過1。相應地，最多存在 $C^2_{|J|-1}$（$|J| > 2$）種可能的狀態。

③同矩陣 X 類似，矩陣 U 任選兩行，然后在這兩行的列位置任選兩點作為交叉點，交叉點之間的部分進行互換。最多存在 $C^2_{|K|} \times |N|$ 種狀態。

④如果矩陣 U 某一行的元素全為 0，則矩陣 Z 對應行的元素為 0。反之，如果矩陣 U 某一行不全為 0，則矩陣 Z 對應行的元素為 1。

這樣，經過上述構造規則，每個可行解的鄰域中最多存在 $C_{|I|}^2 \times |M| \times C_{|J|-1}^2 \times C_{|K|}^2 \times |N|$ 個鄰居。

註：在以上描述中，$|*|$ 表示集合個體的數目。

(3) 評價函數

取 BM_s 模型和 CM_s 模型的目標函數之和作為評價函數。

(4) 候選集合

對於本部分這樣的多維大規模優化問題，在鄰域的所有鄰居中進行選擇計算量變得非常龐大，因此這裡通過隨機抽樣的方法選取 num 個鄰居組成候選集合（num 為足夠大的整數）。

(5) 禁忌對象

禁忌對象為解的變化，每一步迭代選取禁忌表不包含的最優評價函數值對應的解添加到禁忌表。

(6) 禁忌長度

禁忌長度 $len = \sqrt{num}$。根據先進先出原則，新選入的對象替換最早被禁的對象。

(7) 特赦規則

當候選集合中所有對象都被禁忌，為了得到更好的解，選取

候選集合中最優的可行解，使其解禁。

（8）終止規則

迭代次數達到最大迭代步長 NM，算法終止。

3.5.3 魯棒優化模型的求解算法

這裡，首先給出確定性模型 DM_s 的算法步驟：

（1）初始化：選取 0-1 設計變量的初始可行解 x_{BM}^{now}，給定兩個目標函數值沒有改進的最大允許迭代次數 NM 和候選集合中鄰居的個數 num，初始化禁忌表 $TB = \varphi$，禁忌長度 $len = \sqrt{num}$。$bestsol_s = +\infty$；$step = 0$。

（2）節點配置：在 x_{BM}^{now} 的鄰域中隨機選取 num 個鄰居 x_{BM}^{nb} 組成候選集合 $can(x_{BM}^{now})$。

（3）流量分配：根據每個鄰居對應的供應鏈架構，利用線性規劃方法求解模型 CM_s。

（4）令 $\xi_s(x_{BM}^{nb}) = \xi_{BM}^s(x_{BM}^{nb}) + \min\{\xi_{CM}^s\} \mid x_{BM}^{nb}$，$nb = 1, 2, \cdots, num$，計算候選集合中每個鄰居的目標函數值。

（5）判斷當前迭代是否滿足特赦規則，如果不滿足，選取候選集合中不被禁忌的最優解 x_{BM}^{nb}，根據先進先出（FIFO）原則更新禁忌表，$x_{BM}^{now} = x_{BM}^{nb}$；否則，另選當前候選集合中的可行解 x_{BM}^{nb} 作

為禁忌對象,$x_{BM}^{now} = x_{BM}^{nb}$。

(6) 如果 $bestsol_s > \xi(x_{BM}^{now})$,記錄當前最優解,$bestsol_s = \xi(x_{BM}^{now})$,$x_{BM}^{best} = x_{BM}^{now}$,$beststep = step$。

(7) 如果 $step - beststep \leqslant NM$,$step = step + 1$,轉向(2);否則,算法結束。

在得到每個確定性問題的最優目標函數值 ξ_s^* 之后,根據分解后的模型 BM_s 和 CM_s,約束條件(16)可以改寫為

$$\xi_{CM}^s[(g, q, r, v, CD^1, CD^2, RD) \mid x_{BM}]$$
$$\leqslant (1 + p)\xi_s^* - \xi_{BM}^s(x_{BM})$$

所以,只要在上述算法步驟(3)中求解 CM_s 時考慮該約束,並改變步驟(4)每個可行解的評價函數為以下形式,就可求解確定遺憾值限定系數上限 ω_{UB} 和下限 ω_{LB} 的模型。

$$\begin{cases} \sum_s \rho_s\{\xi_{BM}^s(x_{BM}^{nb}) + \min\{\xi_{CM}^s\} \mid x_{BM}^{nb}\} \\ \min\{p\} \mid x_{BM}^{nb} \end{cases}$$

在此基礎上,同理可進一步得到隨機規劃模型 SM 和魯棒優化模型 RM 的求解方法,詳細步驟不再贅述。

3.6 算例

在本節中，通過數值計算試驗進行以下三方面工作：①測試禁忌搜索算法的性能；②分析遺憾值限定系數對魯棒優化模型目標函數的影響；③評估利用魯棒優化模型確定的供應鏈網絡結構的性能。

成本費用分為常規和高額兩種情形，分別按表 3.1 和表 3.2 以均勻分佈進行隨機取值。

表 3.1　　　　常規成本費用情況下的參數取值

單位：10^5元/年

產品價格	產品間接成本	運輸成本	固定運作成本	能力購買成本	生產成本	作業成本	缺貨懲罰成本
μ_{ijf}^s	φ_{if}^s	$\eta_{jkf}^s, \lambda_{knf}^s$	χ_j^s, κ_k^s	θ_j^s, σ_k^s	β_{jf}^s	γ_{kf}^s	τ_{nf}^s
[1,5]	[10,20]	[1,10]	[20,40]	[1,10]	[1,10]	[1,10]	[80,100]

表 3.2　　　　高額成本費用情況下的參數取值

單位：10^5元/年

產品價格	產品間接成本	運輸成本	固定運作成本	能力購買成本	生產成本	作業成本	缺貨懲罰成本
μ_{ijf}^s	φ_{if}^s	$\eta_{jkf}^s, \lambda_{knf}^s$	χ_j^s, κ_k^s	θ_j^s, σ_k^s	β_{jf}^s	γ_{kf}^s	τ_{nf}^s
[5,10]	[20,30]	[5,15]	[40,60]	[5,15]	[5,15]	[5,15]	[100,120]

假定每個客戶區域的當前需求可根據均勻分佈在區間 $[100,200]$ 取值，未來可能會出現三種不同的需求類型：負增長（-20%）、零增長（0%）、正增長（20%）。

三種需求類型和兩種成本費用情形進行交叉組合，會出現 $3 \times 2 = 6$ 種不同的情景。設每種情景出現的概率為 1/6。

算例的規模通過供應商的數目 $|I|$、配送中心的數目 $|J|$、配送的數目 $|K|$、客戶區域的數目 $|N|$、產品的數目 $|F|$ 體現出來。取 $|I| = |J| = 3, 4, 5, 6$；$|K| = |J| + 1$；$|F| = |I| - 1$；$|N| = 20, 30, 40, 50$。這樣，可以產生 $4 \times 4 = 16$ 個基本算例，每個基本算例有 6 種不同的情景。

在計算過程中，模型參數產品占用的能力 $a_f^s = 1$；供應商產品供給能力 $SC_{if}^s \in [0, \max_f \{\sum_n \sum_f d_{nf}^s\}]$。禁忌搜索算法最大迭代步長 $NM = 1000$。

3.6.1 算法性能測試

模型參數按照常規費用、需求負增長的情景來進行取值。在相同的規模和成本參數條件下，令優化軟件 LINGO8（分枝定界法）直接求解得到的目標函數值為 ξ_L、禁忌搜索算法收斂後的目標函數值為 ξ_T，令 $\varepsilon = (\xi_T - \xi_L)/\xi_L$。16 個基本算例獨立運行后得到的相對差值 ε 如圖 3.1 所示。

3 網絡零售的物流配送網絡設計

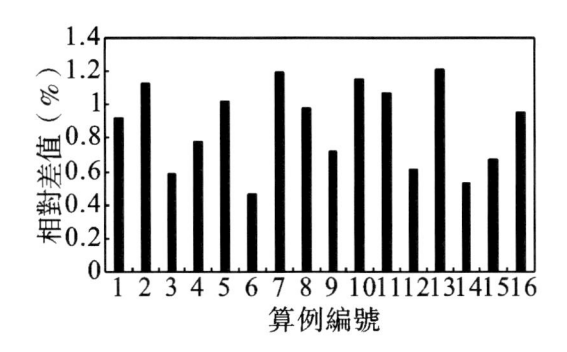

图 3.1 算例獨立運行后的相對差值 ε

對相對差值進行統計分析后得到如下的結果：平均值 ε = 0.87%；標準差 S_ε = 0.25%。

接下來需要測試禁忌搜索算法在計算時間方面的性能，參數取值同前，取 $|I|$ = 4；$|K|$ = $|J|$ + 1；$|F|$ = $|I|$ - 1；N = 20，30，40，50，60。在 P4,1.8G，512DDR 內存計算機得到的計算時間如圖 3.2 所示。

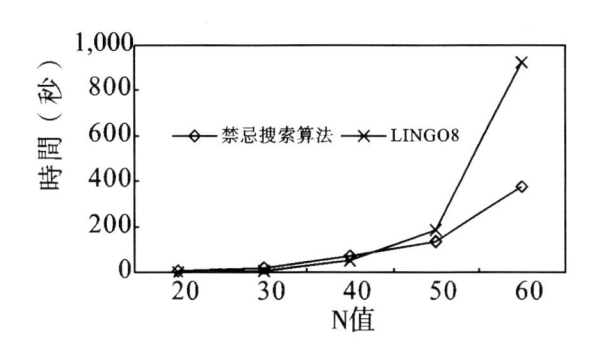

图 3.2 計算時間的比較

在規模較小的時候，LINGO8 在計算時間上具有一定的優勢，但隨著規模的增加，它的計算時間增長幅度較大，出現了跳躍的

現象。而禁忌搜索算法增長幅度較平緩，這反應了它在處理大規模優化問題上的優越性。

收斂性能和計算時間兩方面的測試說明，利用禁忌搜索算法進行模型求解是有效、可行的。

3.6.2 遺憾值限定系數對目標函數的影響

取 $|I|=3, |K|=|J|+1; |F|=|I|-1, |N|=20$，我們的目的在於分析遺憾值限定系數 p 對魯棒優化模型目標函數值的影響，計算結果如圖3.3所示。

從圖3.3可知，魯棒優化模型目標函數值隨 p 的增加而遞減，但遞減率由陡峭變為平緩。在下限值的一定範圍內目標函數值對 p 的變化較敏感，如 $p \in (p_{LB}=0.157, 0.2)$；當 p 增加到某個數值，魯棒優化模型的目標函數值等於隨機規劃模型的目標函數值，此時 p 達到其上限值（$p_{UB}=0.25$）。

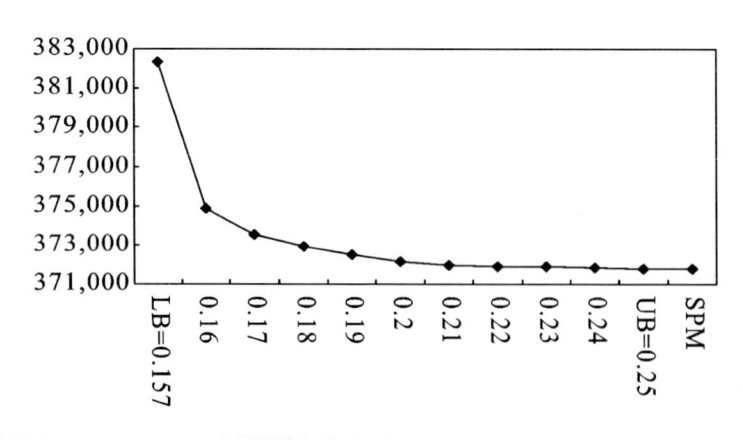

圖3.3 目標函數隨遺憾值限定系數的變化

這意味著欲使遺憾值越小，供應鏈魯棒性越好，需要付出的成本越高。決策者應根據遺憾值和系統總成本進行綜合權衡。

3.6.3 魯棒優化模型的應用

針對前文所述的 16 個算例，分別利用魯棒優化模型和隨機規劃模型進行物流配送網絡設計，在兩者參數取值保持相同的條件下，比較得到的物流配送網絡結構（優化解）的性能。

令每個情景的確定性最優目標函數值為 ξ_s^*，隨機規劃解對應的每個情景目標函數值為 ξ_s^{SP}，魯棒優化解對應的每個情景目標值為 ξ_s^{RO}。

取 ξ_s^{RO} 與 ξ_s^* 的相對差值：$\varepsilon_{R-D} = (\xi_s^{RO} - \xi_s^*)/\xi_s^* \times 100\%$

ξ_s^{SP} 與 ξ_s^* 的相對差值：$\varepsilon_{S-D} = (\xi_s^{SP} - \xi_s^*)/\xi_s^* \times 100\%$

ξ_s^{RO} 與 ξ_s^{SP} 的相對差值：$\varepsilon_{R-S} = (\xi_s^{RO} - \xi_s^{SP})/\xi_s^{SP} \times 100\%$

取置信度為 0.95，根據文獻 [29] 的推論 9，計算每個算例 ε_{R-D} 和 ε_{S-D} 的條件風險價值 $0.95-CVaR$。

各數值計算結果如表 3.3 所示。

表 3.3 　 魯棒優化與隨機規劃解性能對比表

算例編號	魯棒優化解 ε_{R-D} ($\omega = \omega_{LB}$) S1	S2	S3	S4	S5	S6	$0.95 - CVaR$	隨機規劃解 ε_{S-D} S1	S2	S3	S4	S5	S6	$0.95 - CVaR$	ε_{R-S}
1	15.79	15.79	15.79	15.79	15.79	15.47	15.79	19.09	24.84	13.59	15.72	6.34	6.69	24.84	2.8
2	19.69	19.69	19.69	19.69	19.69	19.69	19.69	33.04	38.99	22.12	15.51	13.68	4.53	38.99	3.2
3	16.74	16.74	16.74	16.74	16.74	16.74	16.74	42.51	12.84	5.20	11.81	7.44	7.64	42.51	6.5
4	19.53	19.53	19.53	19.53	19.53	19.53	19.53	30.47	43.92	13.75	11.77	5.32	6.25	43.92	6.8
5	19.10	19.10	19.10	19.10	19.10	19.10	19.1	44.21	32.46	6.42	14.24	5.49	9.90	44.21	6.6
6	17.13	17.13	17.13	17.13	17.13	17.13	17.13	40.44	17.75	10.49	9.09	3.84	11.32	40.44	7.0
7	16.70	16.70	16.70	16.70	16.70	16.70	16.7	38.55	11.45	17.87	9.43	3.15	5.99	38.55	6.7
8	20.58	20.58	20.58	20.58	20.58	20.58	20.58	38.17	26.53	13.14	14.59	9.94	7.92	38.17	6.4
9	14.90	14.90	14.90	14.90	14.90	14.90	14.9	29.30	19.65	2.21	14.88	5.53	5.18	29.30	4.9
10	22.87	22.87	22.87	22.87	22.87	22.87	22.87	45.70	21.58	6.91	10.02	5.37	3.13	45.70	13.3
11	13.48	13.48	13.48	13.48	13.48	13.48	13.48	20.83	9.22	10.75	12.73	6.68	5.47	20.83	3.7
12	13.89	13.89	13.89	13.89	13.72	13.89	13.89	16.12	23.32	4.67	10.99	11.85	5.54	23.32	3.0
13	21.24	21.24	21.24	21.24	21.24	21.24	21.24	52.63	25.51	3.79	18.27	6.47	3.16	52.63	9.1
14	16.20	16.20	16.20	16.20	16.20	16.20	16.2	36.60	10.50	6.66	9.06	3.81	13.47	36.60	7.1
15	14.92	14.92	14.92	14.92	14.92	14.92	14.92	31.01	23.17	9.47	9.99	6.65	6.59	31.01	4.7
16	20.31	20.31	20.31	20.31	20.31	20.31	20.31	28.86	37.09	19.92	10.80	6.26	6.46	37.09	7.4

根據表 3.3 的最后一列可知，隨機規劃解的目標函數值要稍小於魯棒優化解的目標函數值，但很顯然這只是平均總成本的差異，兩者的目標函數同確定性最優目標函數值的差異 ε_{S-D} 和 ε_{R-D}（即相對遺憾值）不能被忽略。需要進一步注意的是：

（1）隨機規劃解的 ε_{S-D} 最大是 52.63%，最小是 3.13%，而魯棒優化解的 ε_{R-D} 最大是 22.87%，最小是 13.48%。這意味著前者目標函數值的波動比后者大，若使用魯棒優化模型設計物流配送網絡，當不確定性實現后（可確切觀察到具體數值），系統總成本同確定性最優總成本之間的遺憾值對任意情景呈現不敏感的特徵，物流配送網絡具有魯棒性。

（2）第 8 列和第 15 列中的條件風險價值 CVaR 數據表明：基於魯棒優化模型設計物流配送網絡能夠較好地規避市場風險。作為戰略決策的物流配送網絡設計由於需要為企業后續的發展奠定基礎，同時涉及大量的投資，降低資產組合的風險至關重要。

3.7 小結

本章研究了網絡零售物流配送網絡設計問題，目標是考慮參數的不確定性，確定最優的渠道結構，使物流配送網絡的性能在參數擾動的情況下具有魯棒性。

通過對物流配送網絡設計問題的詳細分析，本章建立了整合供應商選擇和設施選址—需求分配問題的物流配送網絡設計魯棒優化模型，提出了確定遺憾值限定系數上限和下限的方法，設計了基於禁忌搜索技術的模型求解算法。

最后的算例中，測試了禁忌搜索算法的收斂特性和計算時間，分析了遺憾值限定系數對魯棒優化模型目標函數值的影響，對比了利用隨機規劃模型和魯棒優化模型設計的物流配送網絡的性能。

參考文獻

[1] 富基. 網絡零售 VS 實體零售——物流各不相同 [J]. 信息與電腦，2012：103-106.

[2] Camm J D, Chorman T, Dill F, et al. Blending OR/MS, judgment, and GIS: restructuring P&G's supply chain [J]. Interfaces, 1997, 27 (1): 128-142

[3] Snyder Lawrence V. Facility location under uncertainty: a review [J]. IIE Transactions. 2006, 38: 537-554.

[4] Klibi W, Martel A, Guitouni A. The design of robust value-creating supply chain networks: a critical review [J]. European

Journal of Operational Research, 2010, 203 (2): 283-293.

[5] Kouvelis P, Vairaktarakis G, Yu G. Robust 1-median location on a tree in the presence of demand and transportation cost uncertainty [R]. Working Paper 93/94-3-4, Department of Management Science and Information Systems, Graduate School of Business, The University of Texas at Austin, 1994.

[6] Chen B, Lin C. Robust one-median location problem on a tree [J]. Networks, 1998, 31 (2): 93-103.

[7] Averbakh I, BermanO. Minmax regret median location on a network under uncertainty [J]. INFORMS Journal on Computing. 2000a, 12 (2): 104-110.

[8] Averbakh I, Berman O. Algorithms for the robust 1-center problem on a tree [J]. European Journal of Operational Research. 2000b, 123 (2): 292-302.

[9] Berman O, Wang J, Drezner Z. The minimax and maximin location problems on a network with uniform distributed weights [J]. IIE Transactions, 2003, 35 (11): 1017-1025.

[10] Averbakh I. Complexity of robust single facility location problems on networks with uncertain edge lengths [J]. Discrete Applied Mathematics, 2003, 127 (3): 505-522.

[11] Averbakh I, Bereg S. Facility location problems with

uncertainty on the plane[J]. Discrete Optimization, 2005, 2(1): 3–34.

[12] Conde E. Minmax regret location-allocation problem on a network under uncertainty [J]. European Journal of Operational Research, 2007, 179: 1025–1039.

[13] Kouvelis P, Kurawarwala A A, Gutierrez G J. Algorithms for robust single and multiple period layout planning for manufacturing systems[J]. European Journal of Operational Research, 1992, 63(2): 287–303.

[14] Gutiérrez G J, Kouvelis P, Kurawarwala A A. A robustness approach to uncapacitated network design problems [J]. European Journal of Operational Research, 1996, 94 (2): 362–376.

[15] Kouvelis P, Yu G. Robust discrete optimization and its applications [M]. Boston: Kluwer Academic Publishers, 1997.

[16] Snyder L V, Daskin M S. Stochastic p-robust location problems [J]. IIE Transactions, 2006, 38 (11): 971–985.

[17] Holmberg K, Hellstrand J. Solving the uncapacitated network design problem by a lagrangean heuristic and branch-and-bound [J]. Operations Research, 1998, 46 (2): 247–259.

[18] Holmberg K, Yuan D. A lagrangian heuristic based branch-and-bound approach for the capacitated network design problem [J]. Operations Research, 2000, 48 (3): 461–481

[19] MirHassani S A, Lucas C, Mitra G, et al. Computational solution of capacity planning models under uncertainty [J]. Parallel Computing, 2000, 26 (5): 511-538.

[20] Tsiakis P, Shah N, Pantelides C C. Design of multi-echelon supply chain networks under demand uncertainty [J]. Industrial and Engineering Chemistry Research, 2001, 40(16): 3585-3604.

[21] Agarwal Y K. Design of capacitated multicommodity networks with multiple facilities [J]. Operations Research, 2002, 50 (2): 333-344.

[22] Ghamlouche I, Crainic T G, Gendreau M. Cycle-based neighbourhoods for fixed-charge capacitated multicommodity network design [J]. Operations Research, 2003, 51 (4): 655-667.

[23] Alonso-Ayuso A, Escudero L F, Garin A, et al. An approach for strategic supply chain planning under uncertainty based on stochastic 0-1 programming [J]. Journal of Global Optimization, 2003, 26 (1): 97-124.

[24] Santoso T, Ahmed S, Goetschalckx M, et al. A stochastic programming approach for supply chain network design under uncertainty [J]. European Journal of Operational Research, 2005, 167 (2): 96-115.

[25] Rafael A, Abdel L, Nelson M, et al. Enhancing a branch

-and-bound algorithm for two-Stage stochastic integer network design-based models [J]. Management Science, 2006, 52 (9): 1450-1455.

[26] Ravi R, Sinha A. Approximation algorithms for problems combining facility location and network design [J]. Operations Research, 2006, 54 (1): 73-81.

[27] Atamtürk A, Zhang M. Two-stage robust network flow and design under demand uncertainty [J]. Operations Research, 2007, 55 (4): 662-673.

[28] Poojari C A, Lucas C, Mitra G. Robust solutions and risk measures for a supply chain planning problem under uncertainty [J]. Journal of the Operational Research Society, 2008, 59 (1): 2-12.

[29] Pan F, Nagi R. Robust supply chain design under uncertain demand in agile manufacturing [J]. Computers & Operations Research, 2010, 37 (4): 668-683.

[30] 胡振華，聶豔暉. 基於供需差額的調價策略的魯棒性研究 [J]. 管理工程學報, 2003, 17 (3): 1-3.

[31] 晏妮娜，黃小原. B2B 在線市場期權合同協調的魯棒策略 [J]. 系統工程理論與實踐, 2006, 26 (1): 102-106.

[32] 徐家旺，黃小原. 市場供求不確定供應鏈多目標魯棒運作模型 [J]. 系統工程理論與實踐, 2006, 26 (6): 35-40.

[33] 徐家旺，黃小原. 需求不確定電子供應鏈的魯棒運作模型 [J]. 東北大學學報（自然科學版），2007，28（3）：441-444.

[34] 徐家旺，黃小原，邱若臻. 需求不確定環境下閉環供應鏈的魯棒運作策略設計 [J]. 中國管理科學，2007，15（6）：111-117.

[35] 徐家旺，黃小原. 電子市場環境下需求不確定供應鏈多目標魯棒運作模型 [J]. 系統工程，2006，24（5）：1-7.

[36] 朱雲龍，徐家旺，黃小原，葛汝剛. 逆向物流流量不確定閉環供應鏈魯棒運作策略設計 [J]. 控製與決策，2009，24（5）：711-716.

[37] 邱若臻，黃小原. 需求分佈未知條件下的供應鏈魯棒主從對策 [J]. 東北大學學報（自然科學版），2009，30（8）：1208-1212.

[38] 黃小原，晏妮娜. 供應鏈魯棒性問題的研究進展 [J]. 管理學報，2007，4（4）：521-528.

[39] 趙曉煜，汪定偉. 供應鏈中二級分銷網絡優化設計的模糊機會約束規劃模型 [J]. 控製理論與應用，19（2）：249-252.

[40] 計小宇，邵震. 基於不確定規劃的供應鏈網絡設計模型與算法 [J]. 系統工程理論與實踐，2007（2）：118-122.

[41] 範月嬌，李佳洋. 淺析中國網絡零售業的遠程物流配送服務——以當當網和卓越網為例 [J]. 物流科技，2007（5）：68-71.

[42] 孫豔霞. 網絡零售企業網點式物流配送模式探討 [J]. 現代管理科學，2012（4）：101-103.

[43] 鄭浩昊. 阿里巴巴物流戰略選擇探析 [J]. 商業時代 2014（13）：71-72.

[44] Kouvelis P, Su P. The structure of global supply chains [M]. Boston: Now Publishers, 2007.

[45] Charles S Revelle, Gilbert Laporte. The plant location problem: new models and research prospects [J]. Operation Research, 1996, 44（6）: 864-874.

[46] Rockafellar R T, Uryasev S. Conditional value-at-risk for general loss distributions [J]. Journal of Banking and Finance, 2002, 26（7）: 1443-1471.

4 網絡零售的產品定價

4.1 定價策略及典型模式分析

4.1.1 引言

無論對於傳統銷售商還是網上銷售商,產品定價均是一項艱難的決策,它需要在產品成本、消費者感知價值和企業利潤之間尋求平衡。

目前,隨著互聯網技術的普及和消費者購買習慣的轉變,很多企業逐步認識到網上銷售產品的重要性,但往往忽視了網絡定

價策略，直接將傳統渠道的價格機制搬到網絡上。網絡購物者同傳統購物者存在很大的差異，他們作出購買決策不僅僅考慮價格，還受多種因素的影響。網上銷售企業應制定詳細的價格機制，創造更大的利益空間。

4.1.2 網上銷售定價策略

價格雖然可能不是最重要的因素，但它肯定是消費者在購物前所衡量的因素之一，因此網絡價格和傳統銷售渠道的價格都必須具有競爭力。價格的無序變動會對企業的市場定位造成損害。互聯網能使企業獲得更多有關客戶的信息，可以靈活地設定顧客的支付價格，適時地根據市場情況作出調整。

（1）確定產品的無差異價格區間

一般來講，產品有一個無差異價格區間，價格在這個範圍以內變化，幾乎不會對顧客的購物意願產生任何影響，但卻會對企業的利潤產生極大的影響。例如金融機構將貸款利率從無差異區間的中間水平提高到最高時，賺取的利潤將會大幅增加。

傳統銷售渠道的產品無差異價格區間研究，是一件花費高而且耗時的事情。此外，需要提供與價格相關的歷史數據，才能通過迴歸分析或時間序列分析，產生具有統計意義的需求曲線。

互聯網技術的出現為測試客戶對不同價格的容忍度提供了既

便宜又快捷的途徑。如果一家網上銷售企業想測試漲價幅度對銷售量的影響，它可以每隔若干名網站訪問者便提高一次產品報價，直至在某個價格點銷售量發生明顯變化，從而確定無差異價格區間的上限。同樣，利用類似的方法可以測試折扣或限量銷售對銷售量的影響，確定無差異價格區間的下限。這種持續進行的網絡定價實驗，使企業可以利用低風險的方法建立定價原則。在傳統的門店銷售模式中，這些測試是不切實際或企業難以負擔的。

（2）調整價格適應市場變化

傳統銷售模式中，產品價格的調整一般要花費很多時間，例如，生產商可能需要幾個月甚至一年的時間才能將調整后的價格告知經銷商，並列出新的價目表。網絡定價使網上銷售企業可以根據市場環境變化，如顧客需求和競爭者行為的改變，立即調整價格，並從中謀利。存貨較少，產能利用率高時，可以暫時提高價格；需求減少時，可進行拍賣或降價促銷。當需求變化幅度很大時，企業有時可以利用網絡調高產品價格，大幅提高營業收入。因為互聯網使網上銷售企業更容易找到願意支付較高價格的購買者，而且當產品處在生命週期末期時，可以測試購買者是否願意繼續接受原本的定價。例如消費性電子產品和季節性的易逝產品可以採用這種方法來延遲降價，提高銷售利潤。

（3）價格細分

眾所周知，重視產品附加值的客戶往往願意付出較高的價格

購買產品。但在現實中，企業很難為不同的客戶量身定制適當的價格，零售業的情況更是如此：當顧客進入商店時，由於沒有顧客歷史資料，銷售人員不清楚他們的購買習慣，不知道何種價格會促使他們購買商品。在互聯網上，這些問題可以迎刃而解。網上銷售企業可以利用各種信息進行客戶需求細分，這些信息包括客戶在瀏覽網站時所留下的點擊數據、數據庫中的購買記錄，以及存儲在客戶計算機的 cookies 文件。識別網絡客戶的細分需求後，便可針對不同客戶群體提供不同的價格或促銷活動，同時也使企業找到願意負擔額外費用的客戶。網上銷售企業憑藉客戶的購買記錄可以確定公司的 VIP 客戶和臨時客戶，通過價格分割策略進行網絡定價，企業通常會向臨時客戶收取高出 VIP 顧客一定比例的費用，而臨時客戶也願意負擔這筆費用，以確保在緊急供貨時不會有缺貨。

4.1.3 電子商務企業的典型定價模式

（1）拍賣定價

拍賣定價模式以電子商務企業 eBay 最為典型。eBay 的拍賣機制既滿足了買方低價購物的心理，又滿足了賣方盡可能高價出售商品的心理。eBay 的拍賣程序是在英式拍賣的基礎上改進的，最高競拍出價只是決定了誰是贏家，卻不是最終的成交價格，成

交價格等於第二高的競拍出價加上設定的額度。整個拍賣過程相當透明，在競拍過程中提供大量的信息，只是最高競價和底價以及競拍人的真實身分被隱藏。

（2）買方自主定價

這種定價模式已經被 Priceline.com 申請了專利，同 eBay 的透明拍賣相反，買方自主定價（Name Your Own Price，NYOP）模式採用的是逆向拍賣機制，它將定價的主動權放在了買家手中，而不是賣家，整個拍賣過程對競拍者是不透明的，在要約價格被接受之前，賣家的許多信息是隱而不見的。賣方對於買方提出的價格有權接受或拒絕，要約價格被接受后，買家可以得到一個低於價目表的價格；如果遭到拒絕，為了避免賣家受理大量瑣碎的重複報價，鼓勵買家報出最合理的價格，Priceline 禁止在同一天內就同一競買標的提交兩次報價。

買方自主定價模式是對傳統賣方定價模式的一種挑戰，這種模式在需求相對穩定或已知以及對價格比較敏感的市場中非常適用，如航空票務預訂、酒店預訂等。

（3）滲透定價

網絡銷售企業如何在沒有利潤的情況下為其產品定價，實現企業快速增長？亞馬遜的滲透定價模式是一個很好的選擇。其基本思路是以低於單位總成本（包括固定成本和可變成本）的價格銷售產品，然后以足夠的銷售量和銷售收入來攤薄單位固定成本

費用，挽回經濟損失。

滲透定價的成功依賴於銷售數量的提高，但價格並不是決定銷量的唯一因素，企業的品牌、產品質量、客戶服務、購物的便利性等必須能夠吸引大量的消費者。

(4) 議價定價

由於互聯網通信技術的發展，傳統的議價定價模式在網絡銷售中仍然有適用的空間，阿里巴巴就是最典型的代表。賣家首先在網上提供產品報價或相關信息，買家搜索產品信息，貨比三家，然后通過即時通信軟件或其他通信工具進行遠程詢價，雙方討價還價后確定產品最終成交價格。

(5) 協同定價

一方面，網上銷售由於進入門檻低，費用便宜，使得成千上萬的中小企業和個體商家加入進來，引發殘酷的價格競爭。另一方面，互聯網降低了客戶和企業的搜索成本，客戶可以輕易搜索到價格最低的賣家，而企業也可以搜索到價格最低的競爭者。由於價格信息唾手可得，企業與競爭對手之間實際形成了一種完全信息博弈關係，價格行動組合如表4.1所示。

表 4.1

網上 零售企業	競爭者		
	降價	漲價	維持原價
降價	(-, -)	(+, -)	(+, -)
漲價	(+, -)	(+, +)	(-, +)
維持原價	(-, +)	(+, -)	(0, 0)

註:「+」表示有利;「-」表示不利;「0」表示沒有影響。

當一家網上銷售企業試圖降價,其競爭對手跟進降價,結果導致降價后企業的銷量持平或略高,而利潤很可能減少。這樣,所有網上銷售企業會認識到降價對買方非常有利而對銷售方不利,價格競爭是一種破壞性競爭。相反,如果一家網上銷售企業漲價,競爭對手跟進漲價,雙方利潤均會增加,犧牲的只是買方的利益。雙方價格行動不一致,總會使一方受損,一方受益。互聯網信息的透明性、便捷性,以及企業之間的併購重組,使得為數不多的幾家幸存的網上銷售企業定價趨於協同,出現「一榮俱榮,一損俱損」的局面。

4.1.4　小結

本部分從確定產品的無差異價格區間、調整價格適應市場變化和價格分割三個方面論證了網上產品銷售的定價策略,並針對幾家知名電子商務企業的典型定價模式進行了分析。由於客戶需

求的差異性和互聯網的信息傳播特點，網上產品銷售不能簡單照搬傳統銷售模式，網上銷售企業需要制定相應的定價策略提高自身利益。

參考文獻

[1] Robert D Hof, Linda Himelstein. eBay vs. Amazon. com: fixed prices or dynamic pricing? whichever wins biggest will shape the future [EB/OL]. [2014-10-08]. http://www.businessweek.com/1999/99_22/b3631001.htm.

[2] Peter Coy, Pamela L Moore. A revolution in pricing? not quite [J]. Business Week, 2000 (10): 48.

[3] Peter Coy. The power of smart pricing [J]. Business Week, 2000 (4): 60-64.

[4] Hal R Varian. When commerce moves online, competition can work in strange ways [EB/OL]. [2000-08-24]. http://people.ischool.berkeley.edu/~hal/people/ hal/NYTimes/2000-08-24.html.

[5] Walter L Baker, Eric Lin, Michael V Marn, et al. Getting Prices Right on the Web [J]. The Mckinsey Quarterly, 2001 (2): 54-63.

［6］David D. Kirkpatrick. Quietly, booksellers are putting an end to the discount era［EB/OL］.［2014-10-08］. http://query.nytimes.com/gst/fullpage.html? res=950CE1DB103CF93AA35753C1A9669C8B63.

［7］Robert Ernest Hall. Digital dealing: how e-markets are transforming the economy［M］. New York: W. W. Norton & Company, 2002.

［8］Edward J Deak. The economics of e-commerce and the Internet［M］. Mason: Thomson South-Western, 2004.

4.2 網絡零售產品與物流服務的定價機制

4.2.1 引言

在網上零售環境中，商家通過交易平臺呈現的產品價格形式可以是捆綁報價（俗稱產品包郵或免費送貨），即產品的報價包含物流服務費（主要是運費和包裝搬運費），也可以在報價中明確產品自身的價格和收取的物流服務費（稱之為分割報價）。消費者支付的交易總價是產品自身的價格加上物流服務費。

實證研究已經表明，恰當地將產品交易總價分割為報價和物流服務費有助於增強消費者的購買意願、感知價值和價格滿意

度；反之，價格分割不合理則導致這種正面效應下降[1-2]。當物流服務費合理時，認知需求高的人，認為分割報價比捆綁報價有效，倘若不合理，效果則相反；而對於認知需求低的人，分割報價和捆綁報價沒有明顯差別[3]。Kauffman 和 Lee[4]（2004）監測 bestwebbuys.com 上 387 種不同 ISBN 編號圖書的 309 天價格變化后發現，商家在調整圖書價格時，物流費用也隨之變化，利用壓低（抬高）產品報價、抬高（壓低）物流服務費用的策略保持價格剛性。Schindleret 等[5]（2005）的研究認為當存在外部參考價格時，對物流服務費持懷疑態度的顧客偏好合二為一捆綁報價的形式，而那些不持懷疑態度的顧客偏好產品價格和物流服務費單列分割報價的形式。

Leng 和 Parlar[6]（2005）研究了網上零售商提供免費送貨條件下，買方的最低訂貨批量問題。隨后，部分學者拓展了他們的研究，考慮了定價與庫存決策[7-9]。Campbell & Savelsbergh[10]（2006）研究了 B2C 條件下影響顧客選擇送貨時間窗的價格激勵機制以減少送貨成本，通過折扣誘導顧客對某一給定時間窗的選擇概率以及放寬送貨時間窗的要求，仿真分析發現這兩種策略能有效促進收益的提升。Asdemir 等[11]（2009）基於 Markov 過程建立了網上雜貨商送貨預訂服務的動態定價模型，以平衡送貨能力的利用和顧客的送貨需求。最優價格應滿足兩方面的性質：當前期望收益同余下預訂期內的期望回報相等；送貨服務的價格隨預

訂剩余時間的減少而遞增。Gümüş 等[12]（2012）分析了實行免費送貨和分割報價的網上零售商之間的競爭機制，研究了產品的體積或重量，以及網上零售商的聲譽對價格均衡結果的影響，並通過實證數據進行了檢驗。Yao 和 Zhang[13]（2012）的研究表明網上零售的產品報價同物流服務質量正相關，當商家提供免費送貨服務時，產品報價會相應增加。

目前，國內學者蘭永紅[14]（2007），謝天帥、李軍[15-16]（2007，2008）運用博弈論針對外包方同物流企業之間如何確定外包費用進行了研究。陳文林[17]（2009）對 1999-2008 年中國期刊和碩博學位論文關於電子商務定價的研究進行了分析，沒有發現以「網上零售物流服務定價」為主題的文獻。魏濤等[18]（2012）和周永聖等[19]（2012）分別研究了 B2B 環境中供應商提供免費送貨時零售商的最低訂貨批量問題。

國內外學者針對網上零售的產品報價和物流服務定價問題進行了相關的實證研究和解析模型研究，但均忽視了網上零售「所見不一定是所得」的時空分離特性，以及線上和線下門店購物消費者的體驗差異。消費者在網上購物往往是策略性的，即先通過瀏覽商品下訂單，貨物送達后，再決定是完成支付購買還是拒收退貨。同時，如果選擇退貨，依據責任的鑑別和產品報價形式，商家和消費者需承擔不同的退貨費用。

因此，本部分的研究動機在於彌補現有研究的缺陷，考慮消

費者網上購物的需求行為，構建解析模型，分析網上零售商針對產品與物流服務採取分割報價還是捆綁報價的適用條件和影響機制，並通過數值分析驗證結論的合理性和應用性。

4.2.2 消費者網上購物的需求行為

消費者網上購物的決策過程可以分為兩個階段：第一階段，消費者考慮當前的期望消費盈余（surplus），確定是否訂貨；第二階段，消費者收貨、驗貨后，根據貨物同自身需求的匹配情況和賣家提供的交易規則確定選擇完成購買還是退貨。而網上零售商為了吸引消費者購買產品，相應地提供了貨到付款或有限時間內（如7天）無條件退貨服務，貨物到達後，若消費者提出退貨，一般提供全額退款。商家針對產品和物流服務存在分割報價和捆綁報價兩種形式，消費者退貨承擔的費用會因此不同。以下主要針對淘寶網和天貓商城的交易規則進行分析：

（1）當產品與描述一致且物流服務成功，若商家提供的是分割報價，消費者提出退貨時需承擔往返物流服務費用；若是捆綁報價，雙方分別承擔發貨、退貨運費。

（2）當產品與描述不一致或物流服務失敗，由於是賣家造成的過失，消費者提出退貨時無需承擔相關的物流服務費用。

設賣家產品與描述一致概率為 ℓ，物流服務成功概率為 ℓ_s，

在賣家提供分割報價的條件下，消費者在第一階段（訂貨）的期望消費盈余存在以下兩種情況：

(1) 若產品與描述一致並物流服務成功（發生概率為 ll_s），按當前通行的網上交易規則，在賣家提供的試用期限內消費者可以選擇放棄購買，並獲得產品的價值 δv_o，其中 δ 是消費者獲得的產品價值比例，v_o 是消費者決定是否訂貨時對產品估價的臨界值。但這種非賣家過失造成的退貨，消費者需支付發貨費用 p_s、退貨費用 f_c，消費者獲得的效用為 $(\delta v_o - p_s - f_c)$。

(2) 若產品與網上描述不一致或物流服務失敗（如送貨延遲、貨物破損、貨單不符等）（發生概率為 $1 - ll_s$），此時消費者不會試用產品，選擇直接拒收或退貨，獲得的產品價值為零，無須支付任何物流費用。

因此，消費者在訂貨階段的期望消費盈余為 $E(U_o) = ll_s[\delta v_o - p_s - f_c]$，若 $E(U_o) > 0$，即 $v_o > \dfrac{p_s + f_c}{\delta}$ 消費者會選擇訂貨，反之選擇不訂貨。

貨物送達后，消費者在產品與描述一致且物流服務成功的條件下確定是否購買，取決條件在於產品試用后剩餘的價值是否超過產品的退款金額扣除需要支付的往返物流費后的淨值，即：當 $(1 - \delta)v_b > p - p_s - f_c$，選擇購買；否則選擇退貨。其中 v_b 是消費者決定是否購買時對產品估價的臨界值，$v_b > \dfrac{p - p_s - f_c}{1 - \delta}$。

在捆綁報價條件下，網上零售商只提供一種報價形式，若設定的價格為 p'，消費者對捆綁報價的偏好程度為 θ。同理，可以得到消費者選擇是否訂貨的產品估價臨界值 $v'_o > \dfrac{f_c}{\theta \delta}$，消費者決定是否購買的產品估價臨界值 $v'_b > \dfrac{p' - f_c}{(1-\delta)\theta}$。

為了進一步說明本部分研究的問題，基本約定包括：

（1）假定消費者的購買意願是異質的，對產品的估價 v 服從 [0，1] 的均勻分佈（Bensanko 和 Winston，1990；Debo 等，2005；Shi 等，2012）[20-22]。令網上零售商的產品潛在需求總量為 1，則消費者的需求細分如圖 4.1 所示。

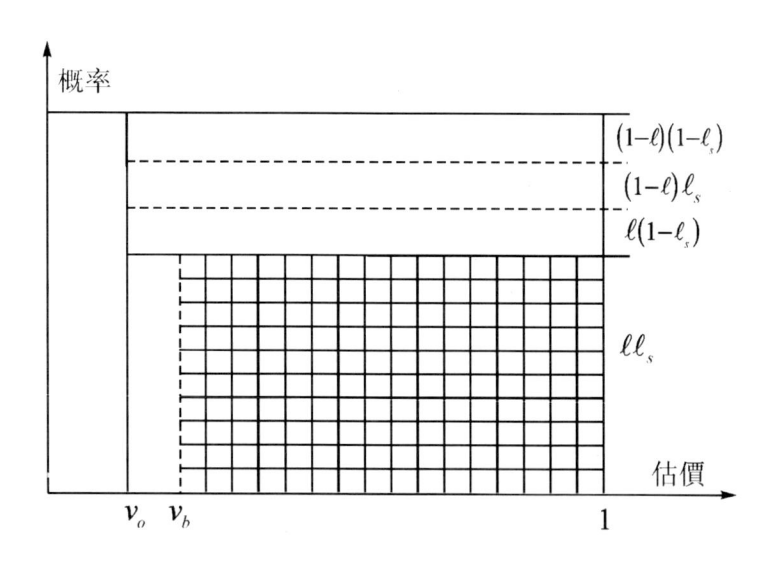

圖 4.1　消費者需求的細分

(2) 產品範圍界定為價格敏感度高、市場競爭充分的大眾消費品，如圖書、音像、服裝、箱包、化妝品、數碼、家電等產品。

4.2.3 產品與物流服務的分割報價

網上零售商同物流服務提供商進行談判，簽訂較長時間的合作協議，向消費者提供送貨服務。消費者無從得知雙方商定的送貨計價方式和分攤到單件貨物的送貨服務基準價格 c_s，以及產品的進貨成本或生產成本 c_p。

在產品與物流服務分割報價的條件下，網上零售商向消費者設定的產品價格為 p，物流服務的價格為 p_s。物流服務成功但由於產品與描述不一致引起消費者退貨，網上零售商需要支付往返物流費用 $2\ell_s(1-\ell)(1-v_o)c_s$；在產品描述不一致且物流服務失敗的條件下，網上零售商需要支付單邊物流費用 $(1-\ell_s)(1-\ell)(1-v_o)c_s$。如果物流服務失敗，由第三方物流公司承擔往返物流費用。消費者對產品的購買量為 $d_p = (1-v_b)\ell\ell_s$，需要向網上零售商支付物流服務費用的產品量為 $d_s = (1-v_o)\ell\ell_s$。所以，分割報價條件下網上零售商的利潤為

$$\pi = d_p(p-c_p) + d_s(p_s-c_s) - [2\ell_s(1-\ell)+(1-\ell_s)(1-\ell)](1-v_o)c_s =$$
$$(1-v_b)\ell\ell_s(p-c_p)+(1-v_o)\ell\ell_s(p_s-c_s)-(1+\ell_s)(1-\ell)(1-v_o)c_s$$

由二階條件，令利潤函數關於 (p, p_s) 的海賽矩陣負定，則

$\delta \in [0, 0.8]$，存在唯一的全局最優解。由一階條件 $\frac{\partial \pi}{\partial p} = 0$，$\frac{\partial \pi}{\partial p_s} = 0$，有引理1。

引理1：若 $\delta \in [0, 0.8]$，網上零售商執行分割報價，最優產品報價和物流服務價格為：

$$p^* = \frac{(2-\delta)(1-\delta) + (2-3\delta)c_p + (1-\delta)\left(\frac{1+\ell_s-\ell}{\ell\ell_s}\right)c_s + (1-\delta)f_c}{4-5\delta}$$

$$p_s^* = \frac{3\delta(1-\delta) - \delta c_p + 2(1-\delta)\left(\frac{1+\ell_s-\ell}{\ell\ell_s}\right)c_s + (3\delta-2)f_c}{4-5\delta}$$

由圖4.1可知：由於網上零售商提供一定期限內的無理由退貨服務，消費者在試用期內存在投機的退貨行為，退貨量為 $\ell\ell_s(v_b - v_o)$。消費者決定是否訂貨時的產品估價臨界值 v_o 和決定是否購買時的產品估價臨界值 v_b 需滿足 $v_o \leqslant v_b \leqslant 1$，由此存在命題1。

命題1：在分割報價條件下，若消費者在產品與描述一致、物流服務成功條件下退貨承擔的費用滿足：$f_c < f_c^{ub} = \frac{-\delta(1+\delta) + 3\delta c_p}{2-\delta} - \left(\frac{1+\ell_s-\ell}{\ell\ell_s}\right)c_s$；即使賣家無過失也會發生投機退貨行為。

當 $\delta = 2 - \sqrt{6(1-c_p)}$，$f_c^{ub}$ 取最大值，由此有推論1。

推論 1：令 $\delta^0 = \min\{0.8, 2 - \sqrt{6(1-c_p)}\}$，則消費者在產品與描述一致、物流服務成功條件下退貨需承擔的費用 $f_c \geq \dfrac{-\delta^0(1+\delta^0) + 3\delta^0 c_p}{2 - \delta^0} - \left(\dfrac{1 + \ell_s - \ell}{\ell\ell_s}\right)c_s$，不會出現投機的退貨行為。

由消費者對產品的購買量為 $d_p = (1 - v_b)\ell\ell_s \geq 0$，得命題 2。

命題 2：分割報價條件下，消費者承擔的退貨費用滿足 $f_c \leq f_c^{db} = \delta - 2(1 - c_p) - \left(\dfrac{1 + \ell_s - \ell}{\ell\ell_s}\right)c_s$，產品的購買需求為零。

由命題 1 和命題 2，有推論 2。

推論 2：若 $\delta \in [0, 0.8]$，在分割報價條件下，消費者在產品與描述一致、物流服務成功條件下退貨承擔的費用滿足 $f_c^{db} < f_c < f_c^{ub}$，雖然存在投機退貨行為，但產品的購買需求不為零。

4.2.4 捆綁報價條件下的定價決策

在捆綁報價條件下，網上零售商只提供一種報價形式，若設定的價格為 p'，相應地，可以得到消費者選擇是否訂貨的產品估價臨界值 $v'_o = \dfrac{f_c}{\theta\delta}$，消費者決定是否購買的產品估價臨界值 $v'_b = \dfrac{p' - f_c}{\theta(1 - \delta)}$。

參照淘寶網的交易規則：對於非商家責任（物流服務成功、

產品與描述一致）而由買家因素發起的退換貨行為，網上零售商需要支付發貨運費 $\ell\ell_s(v'_b - v'_o)c_s$；另外需承擔物流服務成功但產品與描述不一致導致消費者退貨而發生的往返運費 $2\ell_s(1-\ell)(1-v'_o)c_s$，以及在產品描述不一致且物流服務失敗條件下的單邊物流費用 $(1-\ell_s)(1-\ell)(1-v'_o)c_s$。消費者向網上零售商購買的產品量為 $d'_p = (1-v'_b)\ell\ell_s$。由此，網上零售商的利潤為：

$$\pi' = d'_p(p'-c_p-c_s) - \ell\ell_s(v'_b-v'_o)c_s -$$
$$[2\ell_s(1-\ell)+(1-\ell_s)(1-\ell)](1-v'_o)c_s =$$
$$(1-v'_b)\ell\ell_s(p'-c_p) - (1-v'_o)\ell\ell_s c_s - (1+\ell_s)(1-\ell)(1-v'_o)c_s$$

由二階條件 $\frac{\partial^2 \pi_c}{\partial p'^2} < 0$，令一階條件 $\frac{\partial \pi_c}{\partial p'} = 0$，有引理 2。

引理 2：當網上零售商實行捆綁報價策略，最優價格是
$$p' = \frac{\theta(1-\delta) + c_p + f_c}{2}。$$

同分割報價類似，消費者決定是否訂貨時的產品估價臨界值 v'_o 和決定是否購買時的產品估價臨界值 v'_b 需滿足 $v'_o \leq v'_b \leq 1$，由此存在命題 3。

命題 3：在捆綁報價條件下，若消費者在產品與描述一致、物流服務成功條件下承擔的退貨費用 $f_c < f_c^{ub'} = \dfrac{-\delta^2 + (1+c_p)\delta}{2-\delta}$；即使賣家無過錯，也會發生退貨行為。

當 $\delta = 2 - \sqrt{2(1-c_p)}$，$f_c^{ub}{}'$ 取最大值，有推論3。

推論3：在捆綁報價條件下，令 $\delta'_0 = 2 - \sqrt{2(1-c_p)}$，則當消費者在產品與描述一致、物流服務成功條件下退貨需承擔的費用 $f_c \geq \dfrac{-(\delta'_0)^2 + (1+c_p)\delta'_0}{2-\delta'_0}$，不會出現投機的退貨行為。

令捆綁報價的消費者產品購買量 $d'_p = \ell\ell_s(1-v'_b) = \dfrac{\ell\ell_s}{2\theta(1-\delta)}[(1-\delta)\theta - c_p + f_c] > 0$，有命題4。

命題4：捆綁報價條件下，消費者在賣家無過錯條件下承擔的退貨費用需滿足：$f_c \leq f_c^{tb}{}' = \theta(\delta-1) + c_p$，產品的購買需求為零。

由命題3和命題4，有如下推論4。

推論4：捆綁報價條件下，消費者在產品與描述一致、物流服務成功條件下退貨承擔的費用滿足 $\theta(\delta-1) + c_p < f_c < \dfrac{-\delta^2 + (1+c_p)\delta}{2-\delta}$，雖然存在投機退貨行為，但產品的購買需求不為零。

令 $\Delta p = p^* + p_s^* - p' = \dfrac{3p_s^* - \theta + 1}{2}$，有命題5。

命題5：若 $\theta \leq 3p_s^* + 1$，分割報價的總價（產品價格與物流服務價格之和）大於捆綁報價條件下的價格，即 $\Delta p \geq 0$；反之，若 $\theta > 3p_s^* + 1$，則 $\Delta p < 0$。

4.2.5 數值結果的比較靜態分析

鑒於捆綁報價和分割報價條件下,產品報價、物流服務定價、利潤、訂貨量和購買量關於試用期消費者獲得的產品價值比例 δ、消費者對捆綁報價的偏好程度 θ、物流服務質量 ℓ_s 和產品一致性 ℓ 的複雜性,以下主要通過比較靜態分析法說明決策變量同外生參數的關係。

(1) 參數 δ 和 θ 對利潤、價格、訂貨量和購買量的影響

首先分析捆綁報價和分割報價條件下的利潤、價格、訂貨量和購買量與試用期內消費者獲得的產品價值比例 δ 的變化趨勢,由圖 4.2 所示的數值結果,有如下發現:

觀察 1:捆綁報價的利潤隨試用期內消費者獲得的產品價值比例 δ 的增加而下降,但分割報價的利潤呈現上升趨勢。同時,兩種利潤存在閾值 δ^*。當 $\delta < \delta^*$,捆綁報價的利潤超過分割報價的利潤;當 $\delta \geq \delta^*$,前者比后者小。這表明:捆綁報價適合那些在試用期內不易獲得產品價值的耐用品,或者對於那些容易獲得價值的產品(如圖書、音像製品)不提供試用期;但如果商家希望通過提供試用期吸引消費者購買,或試圖規避消費者在試用期內因獲得產品的價值而產生的投機退貨行為,分割報價比較合適。

觀察 2：分割報價條件下的產品價格隨著試用期內消費者獲得的產品價值比例 δ 的增加而下降，物流服務價格和交易總價（產品價格+物流服務價格）先上升后下降，在臨近 δ 上限的某個取值達到最大；同利潤的變化相對應，捆綁報價的價格與分割報價的總價之間存在閾值 δ^{**}，當 $\delta < \delta^{**}$，前者大於后者，反之，當 $\delta \geq \delta^{**}$，前者小於后者。

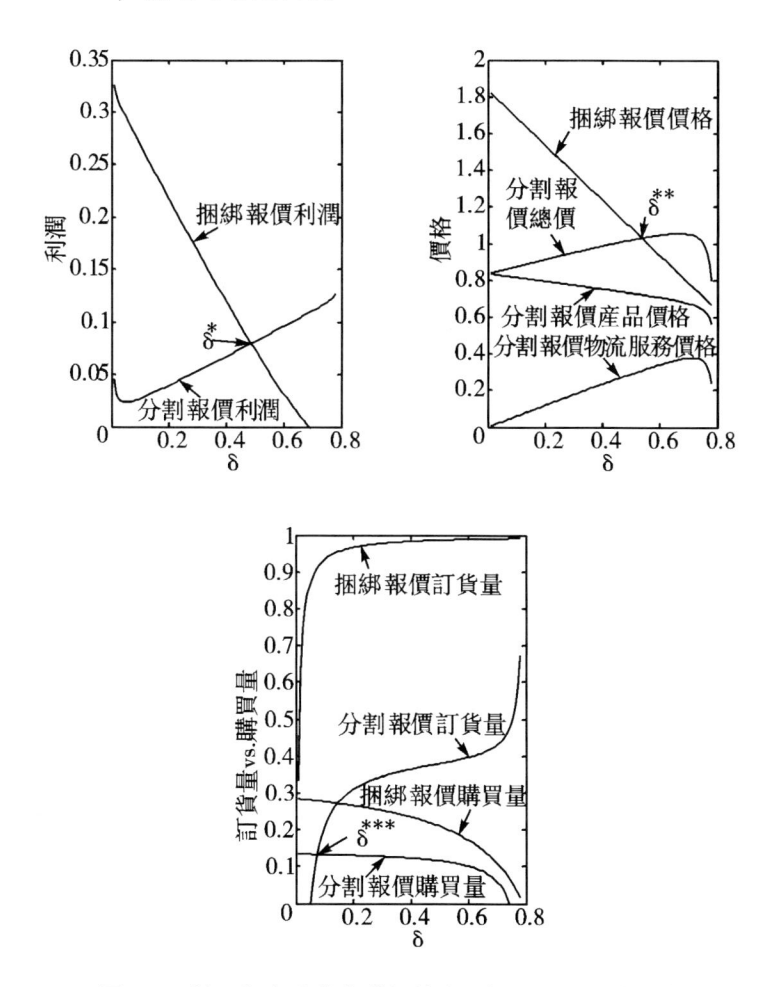

圖 4.2　試用期內消費者獲得的產品價值比例 δ 的影響

觀察3：在訂貨量、購買量方面，捆綁報價和分割報價條件下的訂貨量均隨著試用期內消費者獲得的產品價值比例的增加而上升。捆綁報價的訂貨量對於 δ 比較小的產品呈現較強的敏感性，而對於 δ 數值較小或較大的產品，分割報價的訂貨量均比較敏感。另外，δ 存在閾值 δ^{***}，當 $\delta \geq \delta^{***}$，分割報價才能將消費者訂貨轉化為實際的購買量，但捆綁報價不會出現此種情況。

通過消費者對捆綁報價的偏好程度 θ 的分析，由圖 4.3 所示的數值結果有如下發現：

觀察4：捆綁報價的利潤和價格隨著消費者對其報價形式的偏好增加，出現上升的趨勢，但若偏好程度同分割報價無差異，即數值趨近於 1，會無利可圖，利潤 $\pi' < 0$。同時，捆綁報價和分割報價的利潤之間存在閾值 θ^*，當 $\theta < \theta^*$，前者小於后者；反之，當 $\theta \geq \theta^*$，前者大於后者。

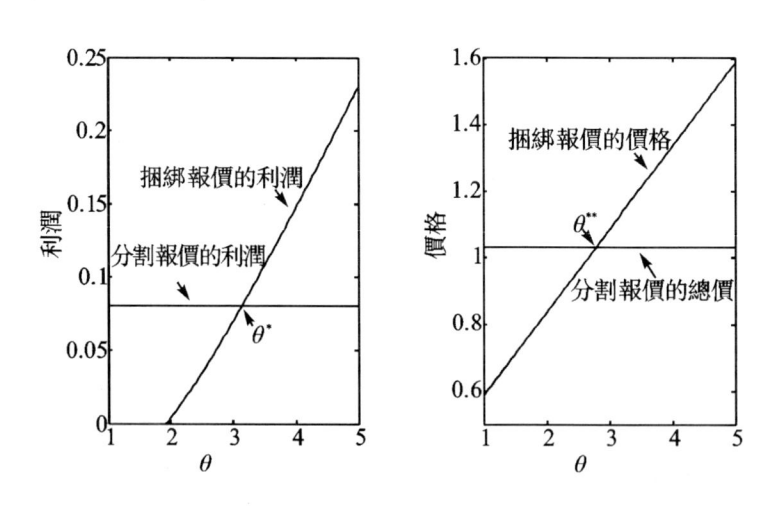

圖4.3 消費者的捆綁報價偏好程度 θ 的影響

（2）參數 l_s 和 l 對利潤、價格、訂貨量和購買量的影響

令試用期消費者獲得的產品價值比例 $\delta = 0.5$，分析物流服務質量 l_s 和產品一致性 l 對利潤、價格、訂貨量和購買量的影響，由圖 4.4 和圖 4.5 所示的數值結果，有如下發現：

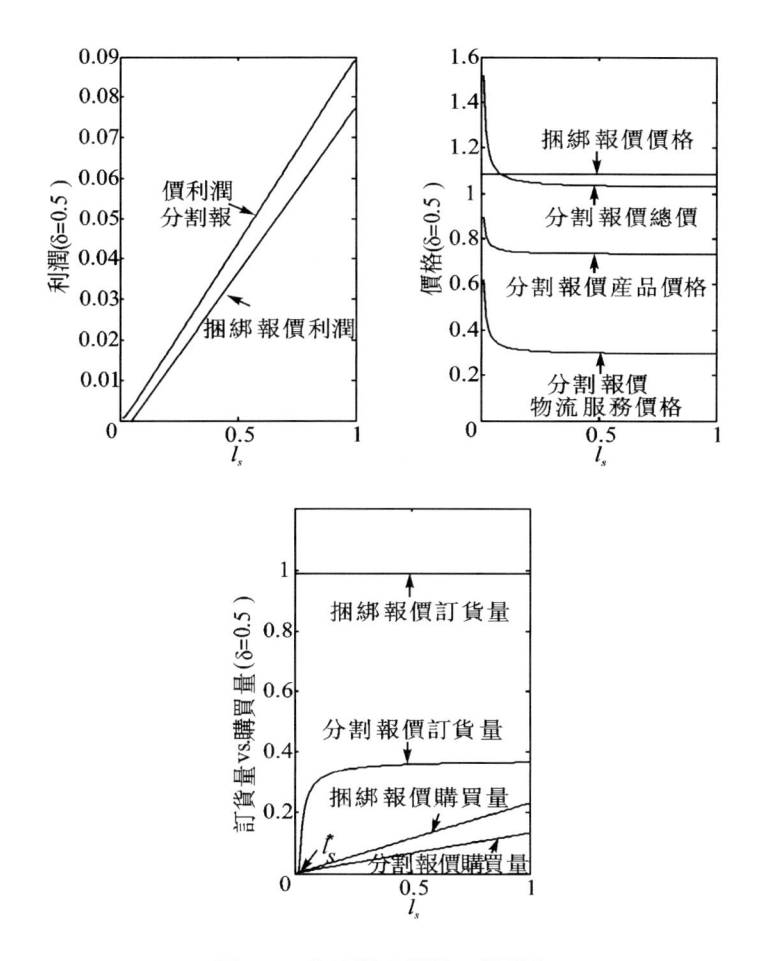

圖 4.4　物流服務質量 l_s 的影響

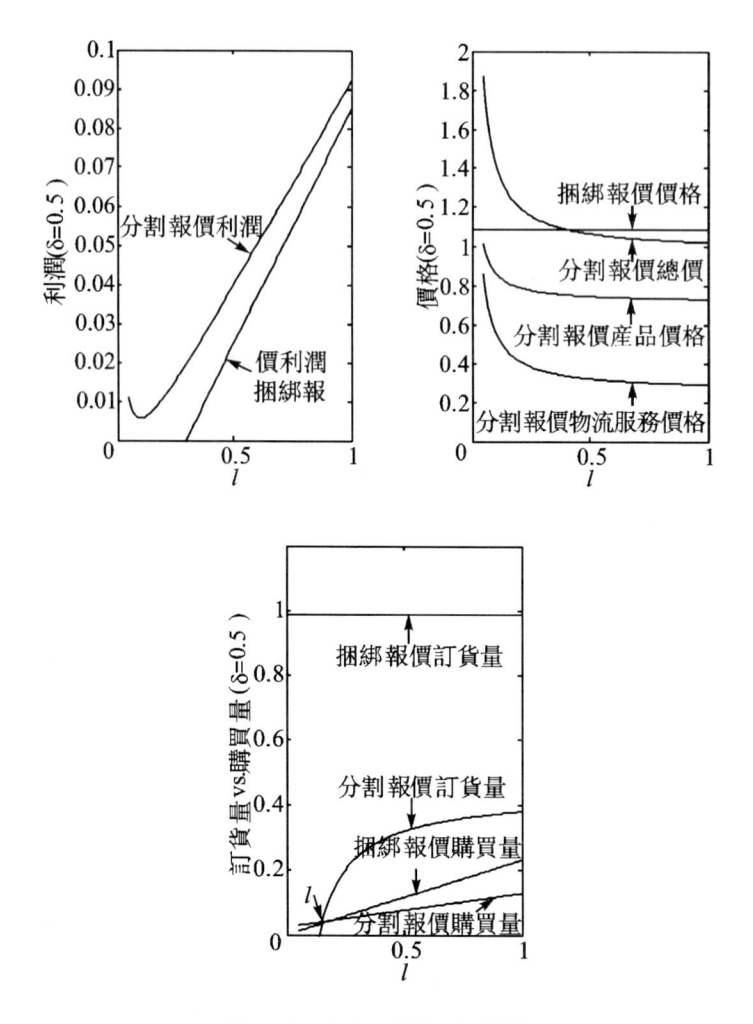

图 4.5 产品一致性 l 的影响

观察 5：随着物流服务质量 l_s 和产品描述一致性 l 的提高，分割报价的利润呈现递增的趋势；相应地调低分割报价的产品价格和物流服务价格，会促进订货量和购买量的快速增长，从而实现销售利润的增加；捆绑报价的产品价格、订货量虽然保持稳定，但由于购买量增加，利润也呈现递增的势头。另外，分割报价条

件下的物流服務質量和產品一致分別存在閾值 ℓ_s^*、ℓ^*，只有當 $\ell_s \geqslant \ell_s^*$、$\ell \geqslant \ell^*$，訂貨量才能轉化為實際的購買量。

4.2.6 小結

在網上零售市場，分割報價和捆綁報價中物流服務的定價差異造成貨物送達后消費者退貨承擔的費用不同，從而影響消費者的網上下單訂貨和最終的實際購買行為。本部分以此為出發點，針對網上購物的流程和交易規則，考慮消費者的策略性選擇行為，研究網上購物的定價機制以及分割報價與捆綁報價的適用條件，分析試用期消費者獲得的產品價值比例、消費者對捆綁報價的偏好程度、物流服務質量和產品一致性對兩種價格表現形式的最優產品報價、物流服務定價、利潤、訂貨量和購買量的影響。主要的研究結論包括：

（1）網上零售商可以根據消費者在試用期內可能獲得的產品價值比例、產品的成本以及物流服務質量、產品描述的一致性，預估消費者承擔退貨責任需支付費用的上界值和下界值，若小於上界值，即使賣家無任何過錯，也會產生投機的退貨行為，反之，則不會發生這種行為。當消費者承擔的退貨費用大於下界值，雖然存在投機的退貨行為，但實際的購買需求不為零；反之，若低於下界值，消費者的訂貨不會轉變為實際的購買需求。

（2）消費者在試用期內獲得的產品價值比例存在關於捆綁報價和分割報價利潤的閾值：若小於該閾值，捆綁報價的利潤超過分割報價的利潤；反之，前者低於后者。捆綁報價適合那些在試用期內不易獲得價值的產品或提供較短試用期的產品。如果網上零售商希望通過提供較長試用期吸引消費者購買，分割報價比較合適。

（3）如果消費者對捆綁報價的偏好程度同分割報價無差異，捆綁報價會無利可圖。該偏好程度存在關於兩種報價形式利潤大小的閾值：當小於此閾值，捆綁報價的利潤小於分割報價的利潤；反之，前者大於后者。此外，提高物流服務質量和產品描述一致性，可適當調低分割報價的產品價格和物流服務價格，促進訂貨量和購買量的快速增長，從而實現銷售利潤的增加。

參考文獻

［1］Morwitz V G, Greenleaf E A, Johnson E J. Divide and prosper: consumers'reactions to partitioned prices［J］. Journal of Marketing Research, 1998, 35 (5): 453-463.

［2］Lan Xia, Kent B, Monroe. Price partitioning on the Internet［J］. Journal of Interactive Marketing, 2004; 18 (4): 63-73.

［3］Bidisha Burman, Abhijit Biswas. Partitioned pricing: can we always divide and prosper? ［J］. Journal of Retailing, 2007, 83 (4): 423-436.

［4］Kauffman R J, Lee D. Price rigidity on the internet: new evidence from the online bookselling industry ［C］. The Proceedings of International Conference on Information Systems, Washington, DC., 2004: 843-848.

［5］Schindler R M, Morrin M, Bechwati N N. Shipping charges and shipping-charge skepticism: implications for direct marketers' pricing formats ［J］. Journal of Interactive Marketing, 2005, 19 (1): 41-53.

［6］Leng M, Parlar M. Free shipping and purchasing decisions in B2B transactions: a game-theoretic analysis ［J］. IIE Transactions, 2005, 37 (12): 1119-1128.

［7］Leng M, Becerril - Arreola R. Joint pricing and contingent free - shipping decisions in B2C transactions ［J］. Production and Operations Management, 2010, 19 (4): 390-405.

［8］Hua G, Wang S, Cheng T C E. Optimal order lot sizing and pricing with free shipping ［J］. European Journal of Operational Research, 2012, 218 (2): 435-441.

［9］Becerril-Arreola R, Leng M, Parlar M. Online retailers'

promotional pricing, free-shipping threshold, and inventory decisions: a simulation-based analysis [J]. European Journal of Operational Research, 2013, 230 (2): 272-283.

[10] Ann Melissa Campbell, Martin Savelsbergh. Incentive schemes for attended home delivery services [J]. Transportation Science, 2006, 40 (3): 327-341.

[11] Kursad Asdemir, Varghese S. Jacob, Ramayya Krishnan. Dynamic pricing of multiple home delivery options [J]. European Journal of Operational Research, 2009, 196 (1): 246-257.

[12] Gümüş M, Li S, Oh W, et al. Shipping fees or shipping free? a tale of two price partitioning strategies in online retailing [J]. Production and Operations Management, 2012, 22 (4).

[13] Yao Y, Zhang J. Pricing for shipping services of online retailers: analytical and empirical approaches [J]. Decision Support Systems, 2012, 53 (2): 368-380.

[14] 蘭永紅. 物流服務定價博弈分析 [J]. 物流科技, 2003, 27 (101): 42-44.

[15] 謝天帥, 李軍. 雙壟斷條件下第三方物流服務定價機制研究 [J]. 預測, 2007, (6): 48-52.

[16] 謝天帥, 李軍. 第三方物流服務定價博弈分析 [J]. 系統工程學報, 2008, 23 (6): 751-758.

［17］陳文林.1999-2008年中國電子商務定價研究發展趨勢分析［J］.財政研究，2009（8）：72-75.

［18］魏濤，王宜舉，華國偉.帶全量價格折扣的供應商最低免運費訂貨批量研究［J］.中國管理科學，2012（6）：009.

［19］周永聖，王磊，何明珂.供應商免費送貨條件下零售商的訂貨策略選擇研究［J］.系統科學與數學，2012，32（3）：288-296.

［20］Bensanko D, Winston WL. Optimal price skimming by a monopolist facing rational consumers［J］. Management Science, 1990, 36 (5): 555-567.

［21］Debo, Laurens G, Beril Toktay L, Luk N. Van Wassenhove. Market segmentation and product technology selection for remanufacturable products［J］. Management Science,, 2005, 51 (8): 1193-1205.

［22］Shi H, Liu Y, Petruzzi N C. Consumer heterogeneity, product quality, and distribution channels［J］. Management Science, 2013, 59 (5): 1162-1176.

5 網絡零售的物流服務質量控製

5.1 引言

　　隨著網絡購物越來越普及，物流配送服務質量成為一個難以迴避的問題。國內物流服務商的水平參差不齊，網絡購物存在很多問題，諸如配送不及時、態度惡劣、貨單不符及貨物缺失破壞等。合理的物流服務外包和產品定價是網上零售商取得成功的關鍵。如何確定最優的物流服務質量水平，以及如何制定合理的物流服務價格和產品價格都是網絡購物所面臨的重要問題，具有現實研究意義和指導價值。

近幾年來，國內外學術界針對物流服務質量以及物流服務定價的研究文獻逐漸增多。Mentzer[1]等（1999）提出了網購訂貨與收貨過程中影響物流服務質量的9個要素。Andersson[2]等（2002）引入了服務價格條款，探討了物流服務供需雙方的利益分配機制。Ha[3]等（2003）分析了兩個供應商非合作競爭時，如何確定自己產品配送方案及物流服務價格，最大化自身利潤。Hult[4]等（2007）在電子商務環境下，對物流服務質量、物流經營策略以及回購的意圖作了側面偏差分析。Bienstock[5]等（2008）結合物流信息技術，拓展了傳統的物流服務質量的應用模型。Ratchford[6]（2009）系統回顧了前人的研究成果，指出了今后網上定價的研究方向。Asdemir[7]等（2009）考慮了網上雜貨商貨物交付的能力，構建了一個馬爾可夫定價決策模型。Yao和Zhang[8]（2012）的研究表明網上零售的產品報價同物流服務質量正相關，當商家提供免費送貨服務時，產品報價會相應增加。

國內學者蘭永紅[10]（2007），謝天帥、李軍[11-12]（2007，2008）運用博弈論針對外包方同物流企業之間如何確定外包費用進行了研究。陳文林[9]（2009）對1999—2008年中國期刊和碩博學位論文關於電子商務定價的研究進行了分析，沒有發現以「網上零售物流服務定價」為主題的文獻。

本章考慮消費者關於產品價格和物流服務質量的需求特性和網絡購物的流程，構建了具有監督機制的制定物流服務質量水

平、外包價格和產品交易價格的動態博弈模型，通過均衡結果的數值求解和比較靜態分析得到研究結論，以期為網上零售商的管理決策提供借鑑。

5.2　問題描述與基本假設

考慮一個由網上零售商、物流服務商及顧客組成的三方關係。假定網上零售商、物流服務商簽訂契約的流程如下：①網上零售商確定其所需的物流服務質量水平，然後與物流服務商進行洽談；②物流服務商根據物流服務水平要求確定服務價格；③網上零售商根據物流服務商的報價，確定產品的交易價格，雙方談判、協商並簽訂協議。

由於網絡購物的時空分離特性，在貨物的交付過程中，常常出現缺失、破損或貨單不符等物流服務失敗的情況，鑒於此，本部分引入網上零售商對物流服務的監督機制，確立物流服務失敗后的責任鑑別。針對物流服務失敗引發的系統損失，作以下處理：①當產品交付顧客后，由於物流服務失敗引發品牌聲譽受損、顧客投訴和購買意願下降等外部損失，其損失由網上零售商與物流服務商共同承擔；②當產品交付顧客之前，發現貨單不符、破損、貨物缺失，需要重新安排發貨，從而發生內部損失，

網上零售商對物流服務商處以罰金。

模型涉及的參數與決策變量符號說明如下：

l_S：物流服務商的服務質量水平；

θ：單位產品的物流服務報價；

p：單位產品的包郵價格；

c：單位產品的進貨成本；

$q(p, l_S)$：網上零售商期望的產品銷售量，即物流提供商的產品服務數量；

φ：產品的市場規模；

α：產品需求對價格的敏感系數；

β：產品需求對物流服務質量水平的敏感系數；

l_R：網上零售商對物流服務質量的監督水平；

E：物流服務失敗時所造成的外部損失，其中，物流服務商與網上零售商按照 $1-\lambda$ 和 λ 的比例分別承擔外部損失；

I：物流服務交付給顧客前，因服務失敗給網上零售商帶來的內部損失；

X：發生內部損失時，網上零售商對物流服務商實施的內部懲罰；

$C_S(l_S)$：物流服務商提供的服務質量水平為 l_S 時所支付的單位物流成本；

$C_R(l_R)$：網上零售商對物流服務質量的監督水平為 l_R 時的監

督成本。

根據經濟學原理和顧客消費行為，顧客的購買需求同價格負相關、與物流服務質量正相關。結合文獻［13］，根據上述參數符號意義，定義網上零售商的產品市場需求函數為：$q(p, l_S) = \varphi - \alpha p + \beta l_S$

一般地，物流服務成本函數 $C_S(l_S)$ 隨著服務水平 l_S 的升高而增加，且成本控製能力越強的物流服務商邊際成本遞增率越小，即 $C_S'(l_S) > 0$，$C_S''(l_S) > 0$。不妨設 $C_S(l_S) = K_S l_S^2$，其中 K_S 表示物流服務商的服務質量成本影響因子[13]；同理，監督成本 $C_R(l_R) = K_R l_R^2$，K_R 表示網上零售商的物流服務監督成本的影響因子。令 K_{max} 表示網上零售商可接受的物流服務質量成本影響因子的最大值。需要指出的是，K_{max}、K_S、K_R 的數值越大，表明成本控製能力越弱。

根據網購物流服務流程，顧客網上以交易價格 p 訂購單位產品，隨后網上零售商通知物流服務商安排送貨，網上零售商對其物流服務質量水平進行監督，付出監督成本 $K_R l_R^2$，並向物流服務商支付外包費用 θ。若產品送到客戶后，網上零售商沒有監測到物流服務失敗，從而引起外部損失 E，網上零售商承擔的責任損失為 $(1 - l_S)(1 - l_R)\lambda E$；若產品送到顧客手中前，網上零售商監測到物流失敗，引發內部損失，物流服務商被處以罰金 X，網上零售商承擔的責任損失為 $(1 - l_S)l_R(I - X)$，所以網上零售

商的利潤為

$$\prod_R = [p-\theta-K_R l_R^2 - c - (1-l_S)(1-l_R)\lambda E - (1-l_S)l_R(I-X)]q(p,l_S)$$

（1）

同理，物流服務商將產品送達顧客后，獲得單位產品的外包費用 θ，但需支付物流服務水平 l_S 的物流成本 $K_S l_S^2$。當物流服務失敗導致發生外部損失時，物流服務商承擔的責任損失為 $(1-l_S)(1-l_R)(1-\lambda)E$；發生內部損失時，物流服務商受到的懲罰為 $(1-l_S)l_R X$。所以，物流服務商利潤為

$$\prod_S = [\theta - K_S l_S^2 - (1-l_S)(1-l_R)(1-\lambda)E - (1-l_S)l_R X]q(p,l_S)$$

（2）

為了描述方便，令 $M = \alpha E(1-l_R) + \alpha I l_R$，$N = \alpha(1-l_R)(1-\lambda)E + \alpha X l_R$。假設條件如下：

假設 1：$\varphi - \alpha \left(K_R l_R^2 + c + \dfrac{M}{\alpha} \right) > 0$，確保網上零售商在物流服務質量水平低，以成本價進行產品銷售時，也有市場需求，$q > 0$。

假設 2：$\theta \in \left[K_S l_S^2 + \dfrac{(1-l_S)N}{\alpha},\ K_{\max} l_S^2 + \dfrac{(1-l_S)N}{\alpha} \right]$。物流服務商的報價既不能低於其提供物流服務時的成本，又不能高於網上零售商可接受的成本。

假設 3：$E > I$，$X \geq I$。即系統的外部損失大於其內部損失，且對物流服務商的內部懲罰也不能小於內部損失，以防止物流服

務商謀取私利。

假設4：網上零售商提供產品包郵服務，產品價格包含物流服務費用。

5.3 網上零售商與物流服務商的博弈

網上零售商、物流服務商在對物流服務水平及價格進行決策時，都追求自身利潤的最大化。雙方合作過程可簡化為一個三階段動態博弈：第一階段，網上零售商選擇物流服務質量水平 l_S；第二階段，物流服務商觀察到 l_S 后選擇物流服務報價 θ；第三階段，網上零售商觀察到 θ 后確定產品的價格 p。

採用逆向歸納法進行求解的過程如下：①求解第三階段網上零售商對產品交易價格的決策；②求解第二階段物流服務商對物流服務報價的決策；③求解第一階段網上零售商對物流服務水平的決策；④計算均衡策略的表達式。

引理1：網上零售商關於物流服務價格 θ 的最優產品價格 p：

$$p^*(\theta) = \frac{\varphi + (\beta - M + N)l_S + \alpha\theta + \alpha(K_R l_R^2 + c) + M - N}{2\alpha}$$

（3）

物流服務商關於物流服務水平 l_S 和監督水平 l_R 的最優報

5 網絡零售的物流服務質量控製

價為：

$$\theta^*(l_S) = \frac{\varphi + \beta l_S - \alpha(K_R l_R^2 + c) + \alpha K_S l_S^2 - (1 - l_S)(M - 2N)}{2\alpha}$$

(4)

由假設 2，物流服務提供商的報價需滿足：

$$\theta^*(l_S) \in \left[K_S l_S^2 + \frac{(1-l_S)N}{\alpha}, K_{\max} l_S^2 + \frac{(1-l_S)N}{\alpha} \right] \quad (5)$$

由 $K_{\max} > K_S$ 和假設 1：$\varphi - \alpha\left(K_R l_R^2 + c + \frac{M}{\alpha}\right) > 0$，則

$$\theta^*(l_S)|_{l_S=0} > \left(K_S l_S^2 + \frac{(1-l_S)N}{\alpha}\right)\Bigg|_{l_S=0} = \left(K_{\max} l_S^2 + \frac{(1-l_S)N}{\alpha}\right)\Bigg|_{l_S=0},$$

方程 $\theta^*(l_S) = K_S l_S^2 + \frac{(1-l_S)N}{\alpha}$，$\theta^*(l_S) = K_{\max} l_S^2 + \frac{(1-l_S)N}{\alpha}$ 在

$l_S \in (0, +\infty)$ 上存在唯一解，如圖 5.1 所示。

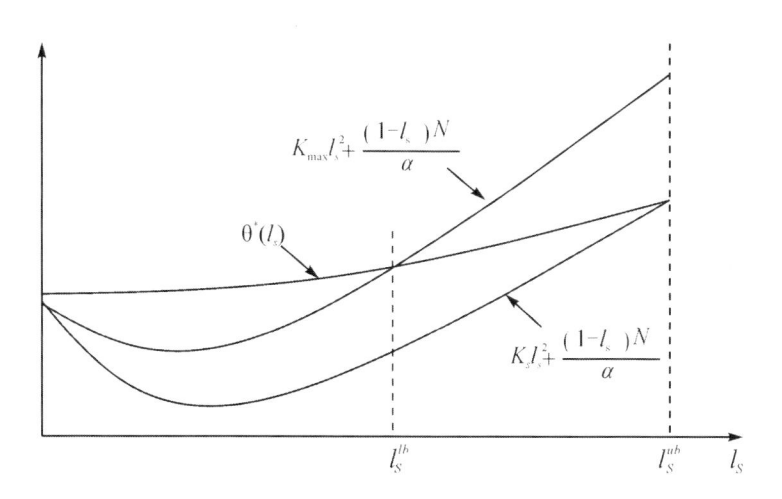

圖 5.1 物流服務報價 $\theta^*(l_S)$ 的取值範圍

由圖 5.1，考慮物流服務質量 $l_S \in [0, 1]$，若 $\left(K_S l_S^2 + \frac{(1-l_S)N}{\alpha}\right)\bigg|_{l_S=1} > \theta^*(l_S)|_{l_S=1}$，存在 $0 < l_S^{lb} < l_S^{ub} < 1$。

由於 $K_{max} > K_S$，根據式（3）～（5），並結合網上零售商的產品需求量

$$q^* = \frac{\varphi + (\beta+M)l_S - \alpha(K_R l_R^2 + c) - \alpha K_S l_S^2 - M}{4} \geq 0$$

令 $K_R^{ub} = \min\left\{\frac{\varphi+\beta}{\alpha l_R^2} - \frac{K_s}{l_R^2}, \frac{\varphi-M}{\alpha l_R^2} + \frac{(\beta+M)^2}{4\alpha^2 K_S l_R^2} - \frac{c}{l_R^2}\right\}$，有命題 1：

命題 1：若 $0 < K_R < K_R^{ub}$，則網上零售商同物流服務商之間能夠達成合作；物流服務水平的下限值為

$$l_S^{lb} = \frac{(\beta+M) + \sqrt{(\beta+M)^2 + 4\alpha(2K_{max}-K_S)[\varphi-\alpha(K_R l_R^2+c)-M]}}{2\alpha(2K_{max}-K_S)},$$

物流服務水平的上限值為

$$l_S^{ub} = \min\left(1, \frac{(\beta+M)+\sqrt{(\beta+M)^2+4\alpha K_S[\varphi-\alpha(K_R l_R^2+c)-M]}}{2\alpha K_S}\right)$$

將（3）、（4）式代入（1）式，由 $\frac{\partial \prod_R}{\partial l_S} = 0$ 可得網上零售商所需的物流服務水平 $l_S^0 = \frac{\beta+M}{2\alpha K_S}$。因此，欲確定網上零售商物流服務水平的最佳選擇，需比較 l_S^0 同上限值 l_S^{ub} 和下限值 l_S^{lb} 的大小關係。令 $l_S^0 = l_S^{lb}$，網上零售商服務監督成本控製能力的臨界點為

$$K_R^0 = \frac{\varphi - M}{\alpha l_R^2} - \frac{(\beta + M)^2 (2K_{\max} - 3K_S)}{4\alpha^2 K_S^2 l_R^2} - \frac{c}{l_R^2}$$

命題2：若網上零售商的服務監督成本影響因子 $K_R > K_R^0$，則 $l_S^0 > l_S^{lb}$；反之，若 $K_R \leq K_R^0$，則 $l_S^0 \leq l_S^{lb}$。

顯然，$\forall K_S$，$\dfrac{(\beta+M)+\sqrt{(\beta+M)^2+4\alpha K_S[\varphi-\alpha(K_R l_R^2+c)-M]}}{2\alpha K_S} > \dfrac{\beta+M}{2\alpha K_S}$，若 $K_S > \dfrac{\beta+M}{2\alpha}$，則 $l_S^0 < l_S^{ub}$。若 $K_S \leq \dfrac{\beta+M}{2\alpha}$，令 $l_S = 1$。

網上零售商對物流服務水平的選擇應根據自身的服務監督成本影響因子和物流服務商的服務質量成本影響因子的閾值而作出相應的決策。由命題1~2，可得命題3、命題4和命題5。

命題3：當 $K_{\max} > K_S > \dfrac{\beta + M}{2\alpha}$，且 $K_R^0 < K_R \leq K_R^{ub}$，則

網上零售商對物流服務水平的最優選擇為 $l_S^{l*} = \dfrac{\beta + M}{2\alpha K_S}$；

第三方物流服務商的報價為

$$\theta^{l*} = \frac{\varphi+\beta l_S^{l*}-\alpha(K_R l_R^2+c)+\alpha K_S (l_S^{l*})^2-(1-l_S^{l*})(M-2N)}{2\alpha};$$

產品最優交易價格為

$$p^{l*} = \frac{\varphi + (\beta - M + N) l_S^{l*} + \alpha \theta^{l*} + \alpha(K_R l_R^2 + c) + M - N}{2\alpha}。$$

命题4：当 $K_{\max} > K_S > \dfrac{\beta + M}{2\alpha}$，且 $0 < K_R \leq K_R^0$，则网上零售商的物流服务水平取下限值

$$l_S^{II*} = l_S^{lb} = \dfrac{(\beta+M) + \sqrt{(\beta+M)^2 + 4\alpha(2K_{\max}-K_S)[\varphi - \alpha(K_R l_R^2 + c) - M]}}{2\alpha(2K_{\max}-K_S)}$$

第三方物流服务商的报价为

$$\theta^{II*} = \dfrac{\varphi + \beta l_S^{II*} - \alpha(K_R l_R^2 + c) + \alpha K_S (l_S^{II*})^2 - (1 - l_S^{II*})(M - 2N)}{2\alpha}$$

产品最优交易价格为

$$p^{II*} = \dfrac{\varphi + (\beta - M + N) l_S^{II*} + \alpha \theta^{II*} + \alpha(K_R l_R^2 + c) + M - N}{2\alpha}$$

命题5：若 $K_S \leq \dfrac{\beta + M}{2\alpha}$，且 $0 < K_R \leq K_R^{ub}$，则网上零售商选择物流服务水平的上限值

$$l_S^{III*} = l_S^{ub} = \min\left(1, \dfrac{(\beta+M) + \sqrt{(\beta+M)^2 + 4\alpha K_S [\varphi - \alpha(K_R l_R^2 + c) - M]}}{2\alpha K_S}\right);$$

第三方物流服务商的报价为

$$\theta^{III*} = \dfrac{\varphi + \beta l_S^{III*} - \alpha(K_R l_R^2 + c) + \alpha K_S (l_S^{III*})^2 - (1 - l_S^{III*})(M - 2N)}{2\alpha};$$

產品最優交易價格為

$$p^{III*} = \frac{\varphi + (\beta - M + N) l_S^{III*} + \alpha\theta^{III*} + \alpha(K_R l_R^2 + c) + M - N}{2\alpha}$$

5.4 均衡結果比較靜態分析

通過上述研究可知，網上零售商與物流服務商間的博弈均衡結果取決於各自的服務質量成本控製能力和服務監督成本控製能力。取物流服務商的服務質量成本影響因子 $K_{max} > K_S > \dfrac{\beta + M}{2\alpha}$ 和 $K_S \leqslant \dfrac{\beta + M}{2\alpha}$，以及網上零售商的物流服務監督水平 $l_R = 0.9$，0.7，0.5 時，分析物流服務監督成本影響因子 K_R 對物流服務質量水平、物流服務報價與產品價格，以及雙方利潤的影響，計算結果如圖 5.2~5.7 所示。

(a) $l_R = 0.9$

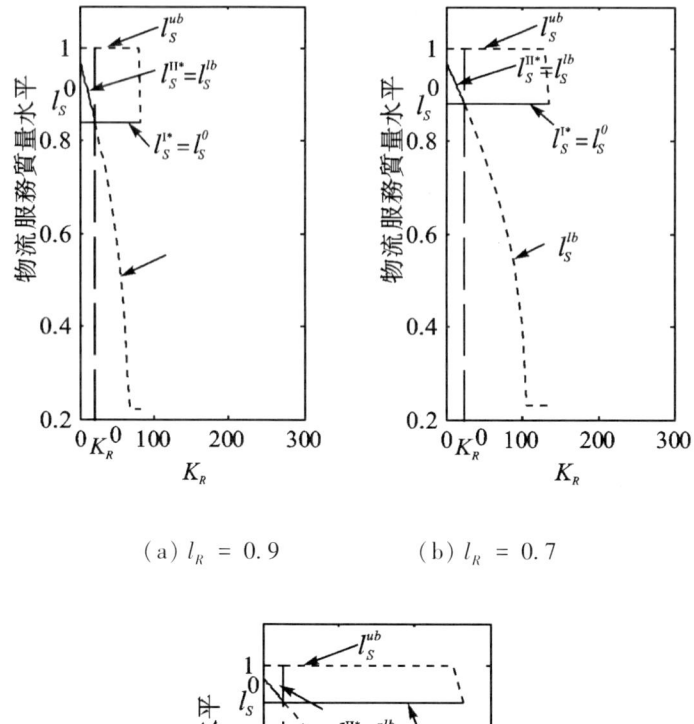

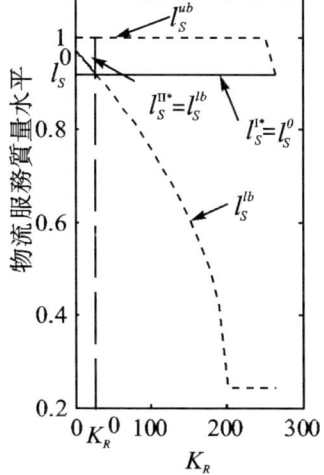

(b) $l_R = 0.7$

(c) $l_R = 0.5$

圖 5.2　$K_{\max} > K_s > \dfrac{\beta + M}{2\alpha}$，

$l_R = 0.9, 0.7, 0.5$ 時物流服務監督成本影響因子對服務質量的影響

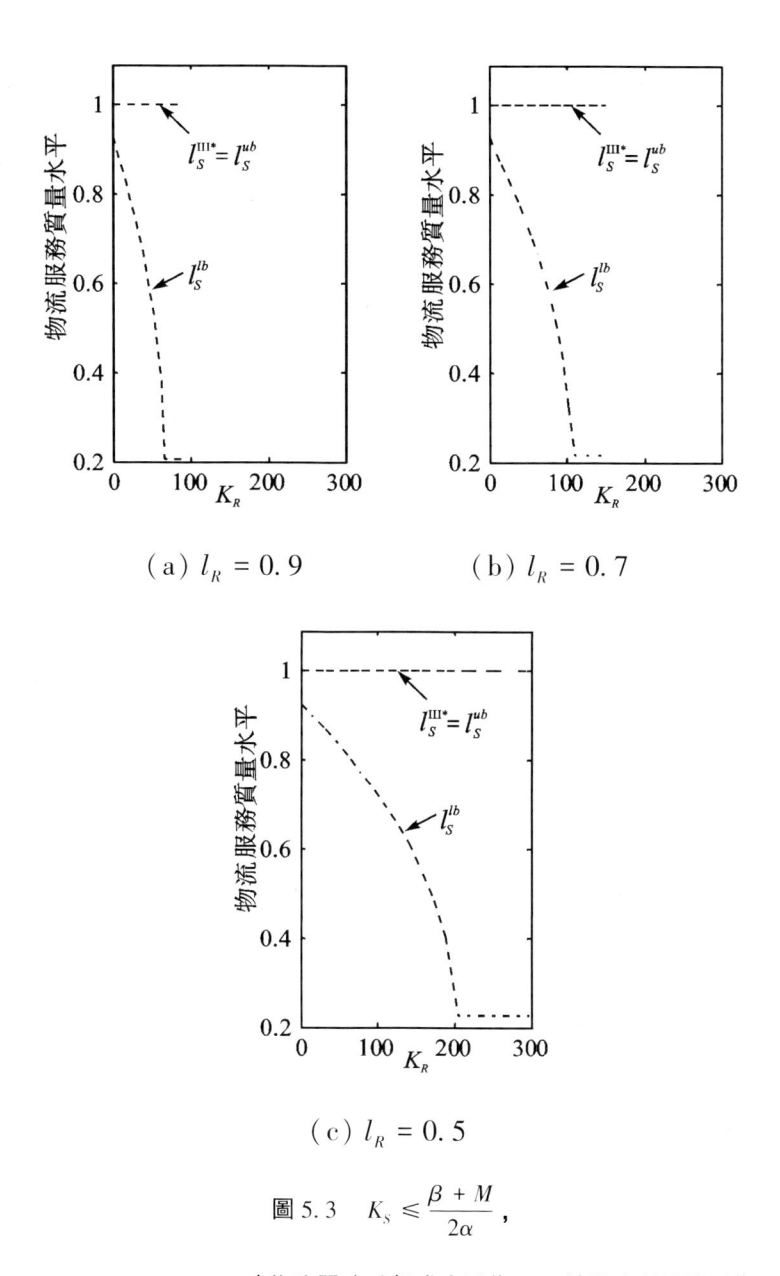

(a) $l_R = 0.9$

(b) $l_R = 0.7$

(c) $l_R = 0.5$

圖 5.3 $K_S \leq \dfrac{\beta + M}{2\alpha}$,

$l_R = 0.9, 0.7, 0.5$ 時物流服務監督成本影響因子對服務質量的影響

由圖 5.2~5.3 關於物流服務質量的變化趨勢，有如下發現：

觀察 1：網上零售商選擇物流服務質量水平的下限值隨服務監督成本控製能力的降低（即 K_R 增加）而下降。當 $K_{max} > K_S > \dfrac{\beta + M}{2\alpha}$ 且 $0 < K_R \leq K_R^0$ 時，物流服務質量水平取下限值；當 $K_{max} > K_S > \dfrac{\beta + M}{2\alpha}$，且 $K_R^0 < K_R \leq K_R^{ub}$，物流服務質量水平取 $\dfrac{\beta + M}{2\alpha K_S}$，該取值隨著服務監督水平的降低而增加；當 $K_S \leq \dfrac{\beta + M}{2\alpha}$，且 $0 < K_R \leq K_R^{ub}$，物流服務質量水平取上限值。

(a) $l_R = 0.9$ (b) $l_R = 0.7$

(c) $l_R = 0.5$

圖 5.4 $K_{\max} > K_s > \dfrac{\beta + M}{2\alpha}$,

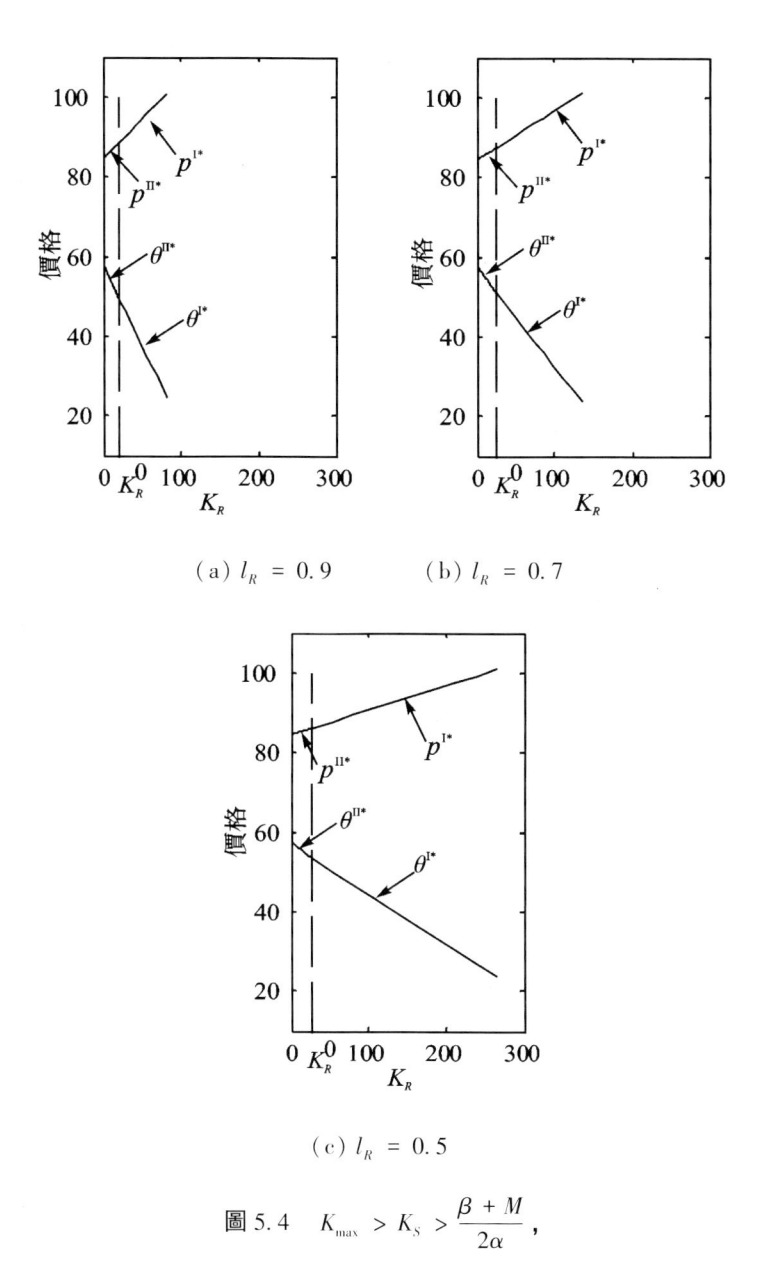

$l_R = 0.9, 0.7, 0.5$ 時物流服務監督成本影響因子對價格的影響

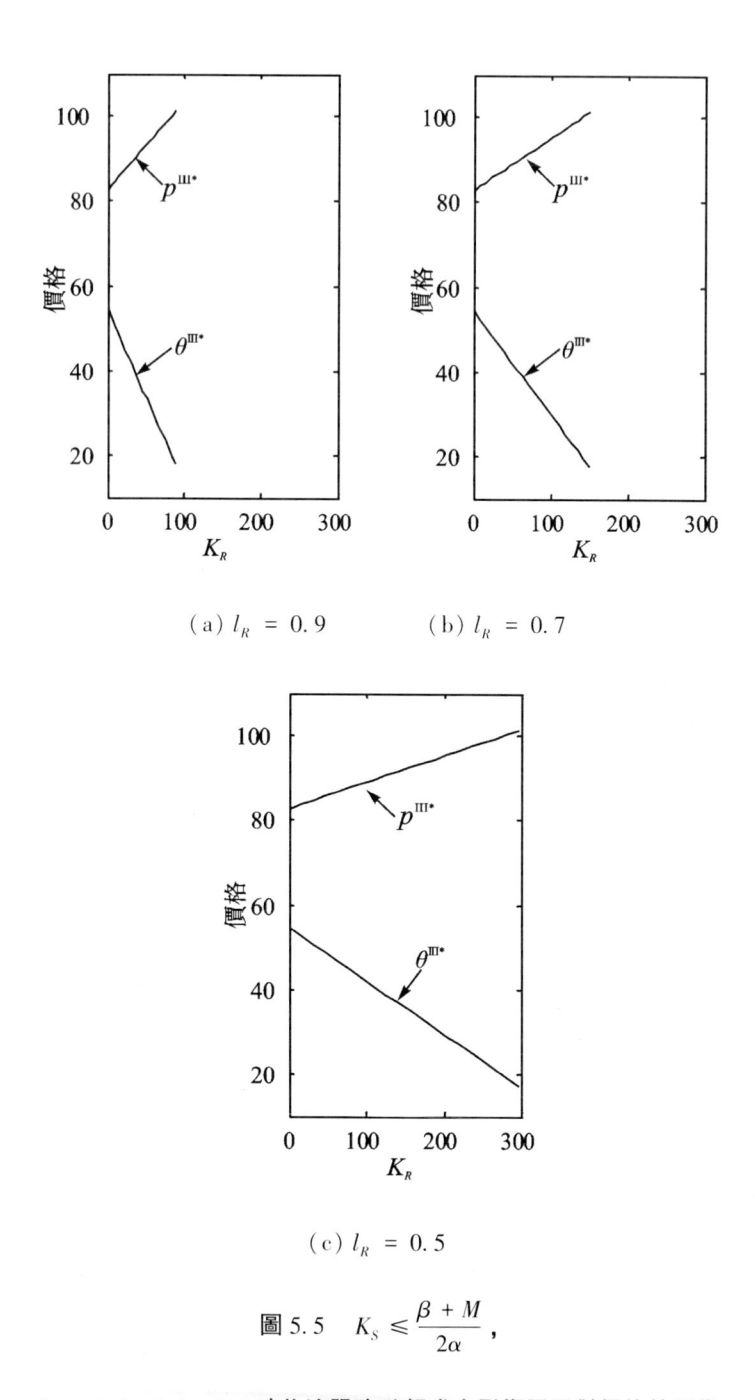

(a) $l_R = 0.9$ (b) $l_R = 0.7$

(c) $l_R = 0.5$

圖 5.5 $K_S \leq \dfrac{\beta + M}{2\alpha}$,

$l_R = 0.9, 0.7, 0.5$ 時物流服務監督成本影響因子對價格的影響

由圖 5.4、圖 5.5 產品價格和物流服務報價的變化趨勢，有如下發現：

觀察 2：若網上零售商的服務監督成本控製能力下降（即 K_R 增加），雙方能夠達成合作的物流服務報價降低，但產品的銷售價格上升；同時，隨著服務監督水平的提高，物流服務報價的下降幅度和產品價格上升的幅度均呈減緩的趨勢。

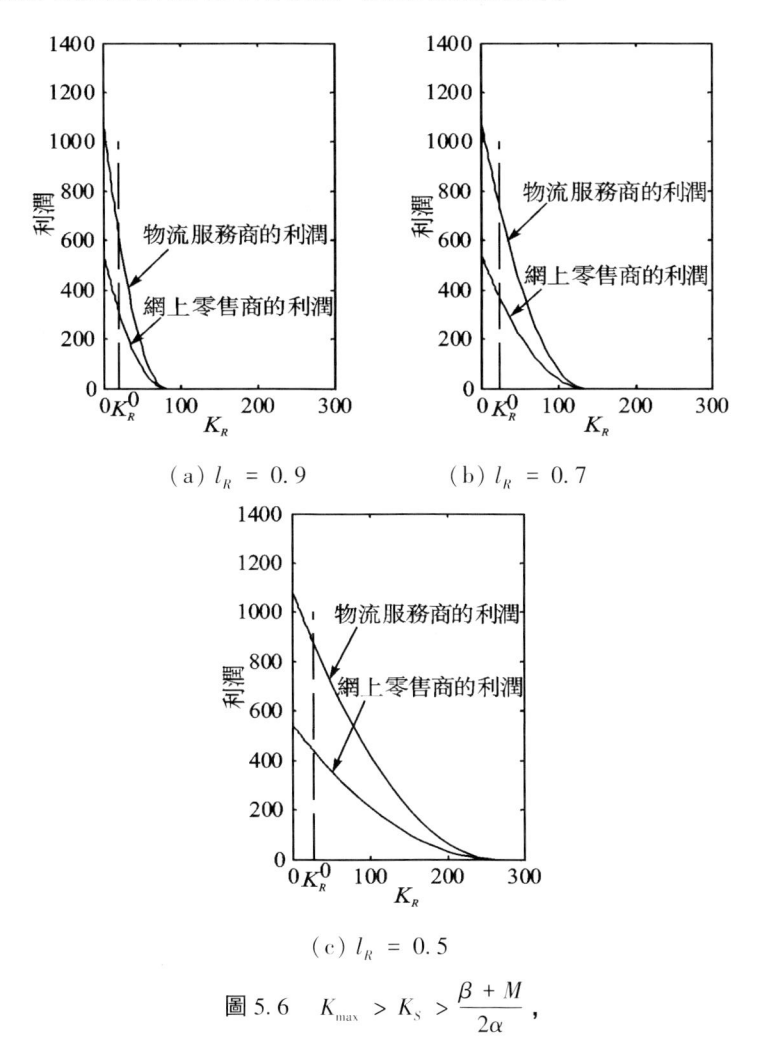

(a) $l_R = 0.9$

(b) $l_R = 0.7$

(c) $l_R = 0.5$

圖 5.6　$K_{\max} > K_S > \dfrac{\beta + M}{2\alpha}$，$l_R = 0.9, 0.7, 0.5$ 時物流服務監督成本影響因子對利潤的影響

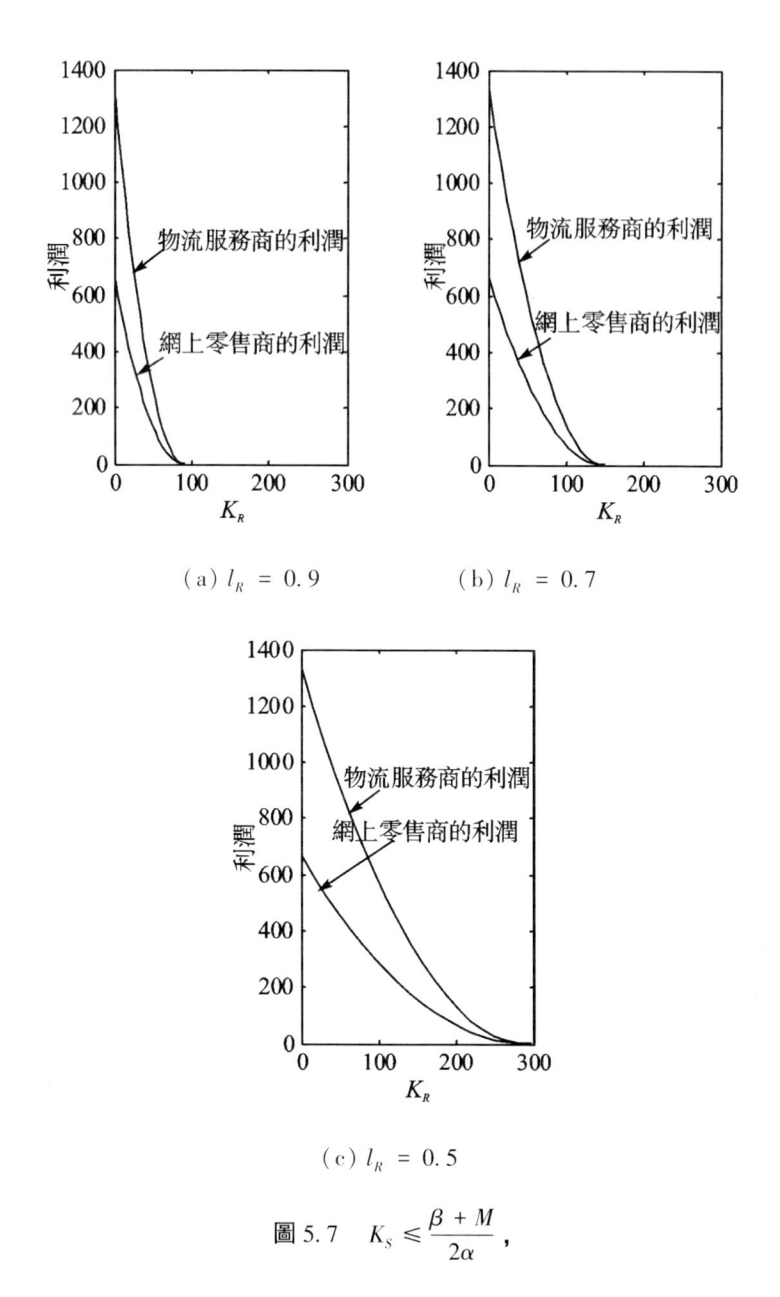

(a) $l_R = 0.9$

(b) $l_R = 0.7$

(c) $l_R = 0.5$

圖 5.7　$K_S \leq \dfrac{\beta + M}{2\alpha}$，

$l_R = 0.9, 0.7, 0.5$ 時物流服務監督成本影響因子對利潤的影響

由圖5.6、圖5.7關於利潤的變化趨勢，有如下發現：

觀察3：當網上零售商對服務監督成本控製能力減弱（即 K_R 增加），以及物流服務商的服務質量成本控製能力減弱（即從 $K_S \leq \frac{\beta + M}{2\alpha}$ 到 $K_{\max} > K_S > \frac{\beta + M}{2\alpha}$），博弈雙方的利潤整體呈現下降的趨勢。隨著服務質量監督水平的下降，服務監督成本控製能力的上限值增加，雙方利潤的下降幅度變緩。

5.5 小結

本部分研究了具有監督機制條件下網上零售的物流服務質量控製和定價決策，給出了產品的定價、物流服務的報價和質量水平的博弈均衡策略，針對均衡結果進行了比較靜態分析。研究結論表明：

（1）網上零售商與物流服務商之間若能達成合作，物流服務水平的選擇存在上限和下限值，在此基礎上需要根據服務監督成本影響因子和質量成本影響因子之間存在的閾值，進行物流服務的水平和報價以及產品價格的決策。

（2）若網上零售商的服務監督成本控製能力下降，雙方能夠達成合作的物流服務質量水平的下限值和物流服務的報價降低，而產品的銷售價格上升；同時，隨著服務監督水平的提高，物流

服務質量的下限值和報價的下降幅度和產品價格上升的幅度均呈減緩的趨勢。

（3）當網上零售商的監督成本控製能力和物流服務商的質量成本控製能力減弱，雙方的利潤整體呈現下降的趨勢。隨著服務質量監督的水平的下降，服務監督成本控製能力的上限值增加，雙方利潤的下降幅度變緩。

參考文獻

［1］Mentzer J T, Flint D J, Kent J L. Developing a logistics service quality seale ［J］. Journal of Business Logistics, 1999, 20（1）：9-32.

［2］Andersson D, Norrman A. Procurement of logistics services—a minutes work or a multi-year project? ［J］. European Journal of Purchasing & Supply Management, 2002, 8（1）：3-14.

［3］Ha A Y, Li L, Ng S M. Price and delivery logistics competition in a supply chain ［J］. Management Science, 2003（9）：1139-1153.

［4］Hult G T M, Boyer K K, Ketchen D J. Quality, operational logistics strategy, and repurchase intentions: a profile deviation analysis [J]. Journal of Business Logistics, 2007, 28 (2): 105-132.

[5] Bienstock C C, Royne M B, Sherrell D, et al. An expanded model of logistics service quality: incorporating logistics information technology [J]. International Journal of Production Economics, 2008, 113 (1): 205-222.

[6] Ratchford B T. Online pricing: review and directions for research [J]. Journal of Interactive Marketing, 2009, 23 (1): 82-90.

[7] Asdemir K, Jacob V S, Krishnan R. Dynamic pricing of multiple home delivery options [J]. European Journal of Operational Research, 2009, 196 (1): 246-257.

[8] Yao Y, Zhang J. Pricing for shipping services of online retailers: analytical and empirical approaches [J]. Decision Support Systems, 2012, 53 (2): 368-380.

[9] 蘭永紅. 物流服務定價博弈分析 [J]. 物流科技, 2003, 27 (101): 42-44.

[10] 謝天帥, 李軍. 雙壟斷條件下第三方物流服務定價機制研究 [J]. 預測, 2007, (6): 48-52.

[11] 謝天帥, 李軍. 第三方物流服務定價博弈分析 [J]. 系統工程學報, 2008, 23 (6): 751-758.

[12] 陳文林. 1999—2008年中國電子商務定價研究發展趨勢分析 [J]. 財政研究, 2009 (8): 72-75.

[13] Tsay A A, Agrawal N. Channel dynamics under price and service competition [J]. Manufacturing & Service Operations Management, 2000, 2 (4): 372-391.

6 網絡零售的營運模式決策

6.1 自營與聯營混合模式下的產品定價與佣金決策

6.1.1 引言

在零售百貨業中，聯營模式又稱店中店模式（stores-within-a-store），即零售商為製造商或代理商（下文稱聯營商家）提供經營空間，監督進店的商品，提供促銷、收銀、導購、倉儲或物流等方面的綜合服務，聯營商家向零售商繳納聯營扣點（佣金，

referral fee），並擁有進貨、定價和店內服務等自主權[1-6]。

國內學者莊貴軍[3]（2007）通過對海信廣場的案例分析，從渠道功能的角度說明了店中店模式可以節省零售商營運成本，增強供應商同客戶的接觸、對渠道的控製和對銷售人員的管理。針對中國百貨店應該自營還是聯營引起的廣泛爭論，李飛[4]（2010）在界定相關概念的基礎上，提出了相關分析框架，分析了自營和聯營各自的利弊，研究了各自的演化軌跡和生存條件，指出了自營和聯營兩種方式並存的發展方向，最後為供應商和百貨店提出了聯營方式下的應對策略。滕文波、莊貴軍[5]（2012）基於 Yue 等人的需求預測模型，研究了產品替代度、市場波動以及渠道成員需求預測精度對店中店模式和傳統模式下渠道成員收益的影響，並以此為基礎說明了製造商在不同情況下應如何選擇銷售模式。國外學者 Jerath 和 Zhang[6]（2009）考慮兩家競爭的製造商產品通過同一零售商進行銷售的渠道結構，論證了零售商選擇店中店模式和自營模式的激勵機制，認為渠道的效率、品牌之間的競爭、店內服務的適度回報和客流量的增加是主要影響因素。Kim 等[7]（2011）的實證研究發現品牌聲譽、下游市場的不確定性和銷售人員績效考核的模糊性影響製造商對店中店模式的渠道管控能力。Netemeyer 等[8]（2012）通過實證研究的對比分析表明零售商店中店子品牌的引入有助於零售商門店總體績效的改善；但隨著消費者在店中店子品牌商品購買花費的增加，對零

售商母品牌商品的平均購買量會隨之減少，反之亦然。

在網上零售領域，目前絕大多數學者研究的是零售業傳統實體門店和網上渠道的競爭與協調[9-11]。部分實證研究也表明開通網上銷售渠道不僅會帶來新的客戶，而且還能刺激傳統渠道的需求[12-13]。但是，很少有研究關注專業網上零售商（如京東，當當，亞馬遜等）經營模式的選擇（自營或聯營），以及由此產生的產品定價和佣金決策問題。

對於 B2C 網上商城而言，自營模式的盈利來源較為單一，但在聯營模式下，可以通過向聯營商家收取佣金以及物流費、倉儲費，實現盈利模式多樣化。在成本方面，自營模式下，產品要有庫存週轉期，要有倉儲成本、物流成本、資金占用成本以及過季尾貨的處理成本等。聯營方式下，如果聯營商家使用網上商城的倉儲設施和物流，還可以分攤網上商城前期投入的相關成本。

目前，網絡零售國際巨頭亞馬遜以及國內的當當網和京東商城等電商企業紛紛由單一的自營模式開始涉足聯營模式，形成自營與聯營共存的混合經營模式。在開放第三方平臺吸引聯營商家入駐后，網上商城的自營將同聯營商品形成面對面的直接競爭，此時的關鍵問題是如何確定聯營商家的佣金比例和各自的產品定價，才能保證雙方均有利可圖。這一領域的國內外研究尚欠缺。

6.1.2 問題描述與需求模型

假設1：消費者對網上商城自營商品的支付意願高於合作商家經營的同類商品。

假設2：聯營商家按照銷售金額的比例向網上商城支付佣金，產品價格包括配送費用。

假設3：消費者是異質的，產品的支付意願服從給定區間的均勻分佈。

令消費者對網上商城自營產品的支付意願為 θ，為了研究方便又不失一般性，設 θ 服從 $[0, 1]$ 均勻分佈，即 $\theta \in [0, 1]$，自營產品價格為 p_s。聯營商家的品牌影響力弱於網上商城，消費者認可的程度相對要低，支付意願為 $\mu\theta$（$0 < \mu < 1$），其中 μ 為消費者對聯營產品的選擇偏好，p_j 為聯營產品的價格。由此，消費者購買自營商品的效用 $U_s = \theta - p_s$，購買聯營商品得到的效用 $U_j = \mu\theta - p_j$。

當自營商品和聯營商品同時在網上商城的交易平臺混合銷售，消費者購買選擇自營商品的條件是：$U_s > 0$；$U_s > U_j$，選擇購買聯營商品的條件是：$U_j > 0$；$U_j > U_s$。

令 $U_s = 0$；$U_j = 0$；$U_s = U_j$，可得：

$$\theta_s = p_s，\theta_j = \frac{p_j}{\mu}；\theta^* = \frac{p_s - p_j}{1 - \mu}。$$

由此，θ^*、θ_s 與 θ_j 的相對關係存在三種基本可能，如圖 6.1 所示。

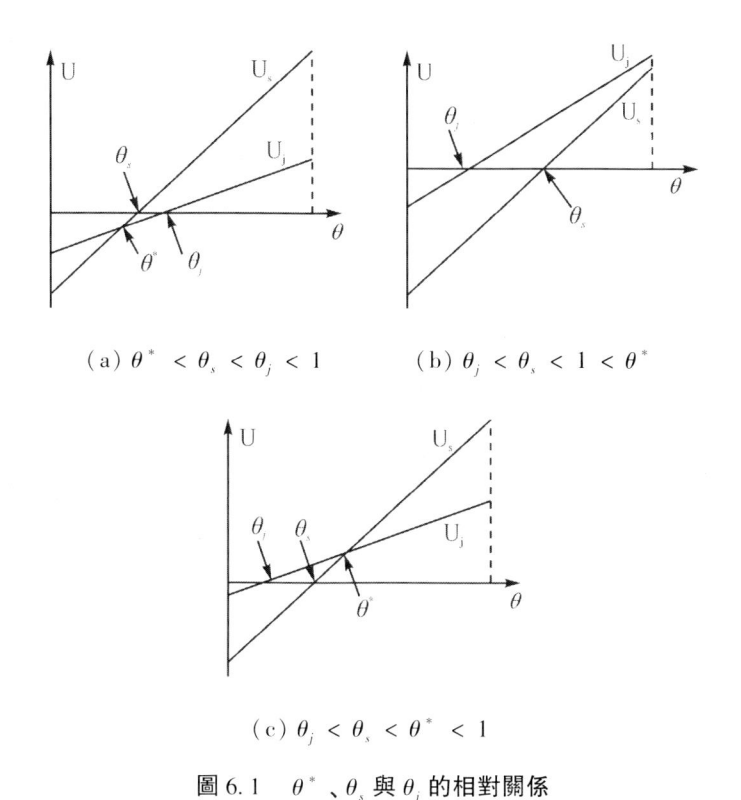

(a) $\theta^* < \theta_s < \theta_j < 1$　　(b) $\theta_j < \theta_s < 1 < \theta^*$

(c) $\theta_j < \theta_s < \theta^* < 1$

圖 6.1　θ^*、θ_s 與 θ_j 的相對關係

引理 1：若 $\theta^* < \theta_s < \theta_j < 1$，消費者只選擇購買自營商品，需求函數 $q_s = (1 - p_s)$；最優價格為 $p_s = \dfrac{1 + c_s}{2}$，網上商城的利潤為 $\pi_0 = \dfrac{(1 - c_s)^2}{4}$。

引理 2：若 $\theta_j < \theta_s < 1 < \theta^*$，消費者只選擇購買聯營商家產品，需求函數為 $q_j = \left(1 - \dfrac{p_j}{\mu}\right)$；最優價格為 $p_j = \dfrac{\mu + c_j}{2}$，合作經營

119

后，聯營商家的利潤 $\pi_j = \frac{(\mu - c_s)^2}{4\mu} - \delta \frac{\mu^2 - c_j^2}{4\mu}$，網上商城的佣金收益 $\pi_r = \delta q_j p_j = \delta \frac{\mu^2 - c_j^2}{4\mu}$（$\delta$ 為佣金比例）。

引理3：若 $\theta_j < \theta_s < \theta^* < 1$，當 $\theta \in (\theta^*, 1]$，消費者選擇選擇購買自營商品，需求為 $q_s = 1 - \frac{p_s - p_j}{1 - \mu}$；當 $\theta \in (\theta_j, \theta^*]$，消費者選擇選擇購買聯營商品，其需求為 $q_j = \frac{p_s}{1 - \mu} - \frac{p_j}{(1 - \mu)\mu}$。

由引理3可知：自營產品和聯營商品的需求受彼此的價格以及消費者的選擇偏好影響。下文首先針對引理3中自營產品和聯營產品均存在消費需求（$q_s > 0, q_j > 0$）的情況開展研究，然后再同引理1和引理2中討論的只出售自營產品或聯營產品的情況進行對比。

6.1.3 網上商城與聯營商家的價格競爭與佣金決策

按照當前通行的商業模式，聯營商家按其銷售金額的比例 δ 向網上商城支付佣金，網上商城的利潤總額 π_w 由自營商品利潤 $\pi_s = q_s(p_s - w_s)$ 和佣金收益 $\pi_r = \delta q_j p_j$ 構成。

$$\pi_w = q_s(p_s - w_s) + \delta q_j p_j = \left(1 - \frac{p_s - p_j}{1 - \mu}\right)(p_s - w_s) + \delta \left(\frac{p_s}{1 - \mu} - \frac{p_j}{(1 - \mu)\mu}\right) p_j \quad (1)$$

聯營商家的利潤可以表示為：

$$\pi_j = q_j(p_j - w_j) - \delta q_j p_j = \left(\frac{p_s}{1-\mu} - \frac{p_j}{(1-\mu)\mu}\right)((1-\delta)p_j - w_j)$$

(2)

網上商城和聯營商家之間的交易過程可簡化為一個兩階段動態博弈模型：第一階段，網上商城與聯營商家通過談判確定佣金比例δ；第二階段，對於給定的δ，網上商城和聯營商家各自獨立地確定產品價格p_s和p_j，並發布到網上交易平臺讓消費者選擇購買。

根據聯營模式的基本約定，雙方的定價決策並不會提前告知對方，各自擁有獨立的定價權，但任何一方都可以通過交易平臺獲取對方的價格信息，由此構成完全信息靜態博弈。Nash均衡下的最佳定價策略(p_s^*, p_j^*)可以表達為：

$p_s \in \text{argmax}\,\pi_w =$

$$\left(1 - \frac{p_s - p_j}{1-\mu}\right)(p_s - c_s) + \delta\left(\frac{p_s}{1-\mu} - \frac{p_j}{(1-\mu)\mu}\right)p_j$$

$$p_j \in \text{argmax}\,\pi_j = \left(\frac{p_s}{1-\mu} - \frac{p_j}{(1-\mu)\mu}\right)[(1-\delta)p_j - c_j]$$

由逆向歸納法，首先確定價格決策，令一階條件$\frac{\partial \pi_w}{\partial p_s} = 0$，$\frac{\partial \pi_j}{\partial p_j} = 0$，可得引理4。

引理 4：對於給定的佣金比例 δ，自營商品和聯營商品靜態競爭定價的 Nash 均衡價格為：

$$p_s = \frac{2(1-\mu)(1-\delta) + 2(1-\delta)c_s + (1+\delta)c_j}{(1-\delta)[4-\mu(1+\delta)]}$$

$$p_j = \frac{\mu(1-\mu)(1-\delta) + \mu(1-\delta)c_s + 2c_j}{(1-\delta)[4-\mu(1+\delta)]}$$

接下來需要進一步確定交易佣金的比例取值範圍。顯然，網上商城和聯營商家之間能夠達成交易的前提條件是雙方均有利可圖，對於聯營商家而言，需滿足 $\pi_j \geq 0$，即 $\mu p_s - p_j \geq 0$，且 $(1-\delta)p_j - c_j \geq 0$，由此可得命題 1。

命題 1：聯營商家若在網上商城銷售產品有利可圖，則佣金比例

$$0 \leq \delta \leq \delta_j = 1 - \frac{2(1-\mu)c_j}{\mu(1-\mu+c_s-c_j)} \text{。}$$

為了雙方合作符合現實意義，則需 $\delta_j \in (0, 1)$，即 $2(1-\mu)c_j < \mu(1-\mu+c_s-c_j)$ 且 $c_j < 1+c_s-\mu$，存在推論 1。

推論 1：當聯營產品同自營產品的成本比較存在

$$c_j < \min\left\{1+c_s-\mu, \frac{\mu(1+c_s-\mu)}{2-\mu}\right\} = \frac{\mu(1+c_s-\mu)}{2-\mu}\text{，}$$

聯營商家可獲利的佣金比例上限 $\delta_j \in (0, 1)$。

對網上商城而言，聯營商家加入以後，會對自營商品的銷售形成擠兌效應，造成銷量下降和價格競爭，這部分損失通過收取

聯營商家的佣金來進行補償。若要求自營商品能夠獲利,則 $\left(1 - \frac{p_s}{1-\mu} + \frac{p_j}{1-\mu}\right) > 0$ 且 $(p_s - c_s) > 0$,由此可得命題2。

命題2:聯營商家加入后,網上商城的自營商品若能獲利,佣金比例需滿足

$$0 \leq \delta < \delta_s = \frac{[2(1-\mu)(1-c_s) - (\mu c_s - c_j)]}{\mu(1-\mu)}$$

同理,為了確保 $\delta_s \in (0, 1)$,則 $2(1-\mu)(1-c_s) - (\mu c_s - c_j) > 0$,且 $2(1-\mu)(1-c_s) - (\mu c_s - c_j) < \mu(1-\mu)$,有推論2。

推論2:當自營產品和聯營產品的成本存在 $c_s > 1 - \mu$,且 $\max\{0, (2-\mu)c_s - 2(1-\mu)\} < c_j < (2-\mu)[c_s - (1-\mu)]$,網上商城自營產品能獲利的佣金比例上限 $\delta_s \in (0, 1)$。

由於 $\frac{\mu(1+c_s-\mu)}{2-\mu} - [(2-\mu)c_s - 2(1-\mu)] = \frac{(1-c_s)(1-\mu)(4-\mu)}{2-\mu} > 0$;根據推論1、推論2,存在命題3。

命題3:若網上商城和聯營商家的產品成本之間存在

$\max\{0, (2-\mu)c_s - 2(1-\mu)\} < c_j <$
$\min\left\{\frac{\mu(c_s + 1 - \mu)}{2 - \mu}, (2-\mu)[c_s - (1-\mu)]\right\}$,且 $c_s > 1 - \mu$,則雙方均可獲利的佣金比例取值 $\delta \leq \min\{\delta_j, \delta_s\} \in (0, 1)$。

推論3：在交易雙方的產品成本滿足佣金比例 $\delta \in (0, 1)$ 的條件下，若 $\delta_j > \delta_s$，當佣金比例取值 $\delta \in (\delta_s, \delta_j)$，自營商品無利可圖，網上商城可選擇專售聯營商品；當 $\delta \in (\delta_j, 1]$ 雙方無法達成合作。反之，若 $\delta_j < \delta_s$，當 $\delta \in (\delta_j, 1]$，聯營商家退出，網上商城選擇僅售自營商品。

$$令 \bar{c}_j = \min\left\{\frac{\mu(c_s + 1 - \mu)}{2 - \mu}, (2 - \mu)[c_s - (1 - \mu)]\right\},$$

$\underline{c}_j = \max\{0, (2 - \mu)c_s - 2(1 - \mu)\}$，當 $\mu \in [0, 1]$，$\bar{c}_j$ 和 $\underline{c}_j$ 均是關於消費者對聯營產品偏好程度 μ 的增函數。由此可進一步得到推論4。

推論4：若消費者對聯營產品的選擇偏好同自營產品越接近（$\mu \to 1$），則要求聯營產品的成本逼近自營產品的成本（$\bar{c}_j \to c_s$，$\underline{c}_j \to c_s$），網上商城和聯營商家才存在雙方均可獲利的佣金比例取值 $\delta \in (0, 1)$；反之當 $\mu \to 0$，要求聯營產品的成本 c_j 足夠低，雙方才存在均有利可圖的佣金比例 $\delta \in (0, 1)$。

6.1.4 合作雙方的利潤關於佣金比例的比較靜態分析

將競爭定價的 Nash 均衡價格代入式（1）和（2），可得聯營產品和自營產品混合銷售后網上商城的總利潤 π_w、自營產品的

利潤 π_s、佣金收益 π_r 和聯營商家的利潤 π_j，鑒於利潤函數關於佣金比例 δ 的複雜性，極值點需要求解一元高次方程，很難得到顯性的解析表達式，以下主要通過數值法說明在網上商城和聯營商家均可獲利條件下，雙方利潤關於佣金比例的主要性質。保持自營商品的成本 $c_s = 0.68$ 不變，取聯營產品的成本 $c_j = \underline{c_j} + (\bar{c}_j - \underline{c_j}) \times 0.3$，$c_j = \underline{c_j} + (\bar{c}_j - \underline{c_j}) \times 0.6$，$c_j = \underline{c_j} + (\bar{c}_j - \underline{c_j}) \times 0.9$；$(\mu = 0.9, 0.8, 0.7)$，計算結果如圖 6.2、圖 6.3、圖 6.4 所示。

由圖 6.2~圖 6.4 的數值結果有以下發現：

觀察 1：當聯營產品的成本逐漸接近雙方能夠達成合作的上限 $\bar{c}_j$，即由 $c_j = \underline{c_j} + (\bar{c}_j - \underline{c_j}) \times 0.3$ 增加到 $c_j = \underline{c_j} + (\bar{c}_j - \underline{c_j}) \times 0.9$，此時，自營產品可獲利的佣金比例上限 δ_s 開始超過聯營產品能夠獲利的佣金比例上限 δ_j，網上商城自營產品的利潤 π_s 增加，而佣金收益 π_r 顯著下降。在雙方均能有利可圖的佣金比例取值區間 $\delta \in [0, \min\{\delta_j, \delta_s\}]$，網上商城混合銷售的總利潤 π_w（自營商品利潤+佣金）和聯營商家的利潤 π_j 也呈下降趨勢。

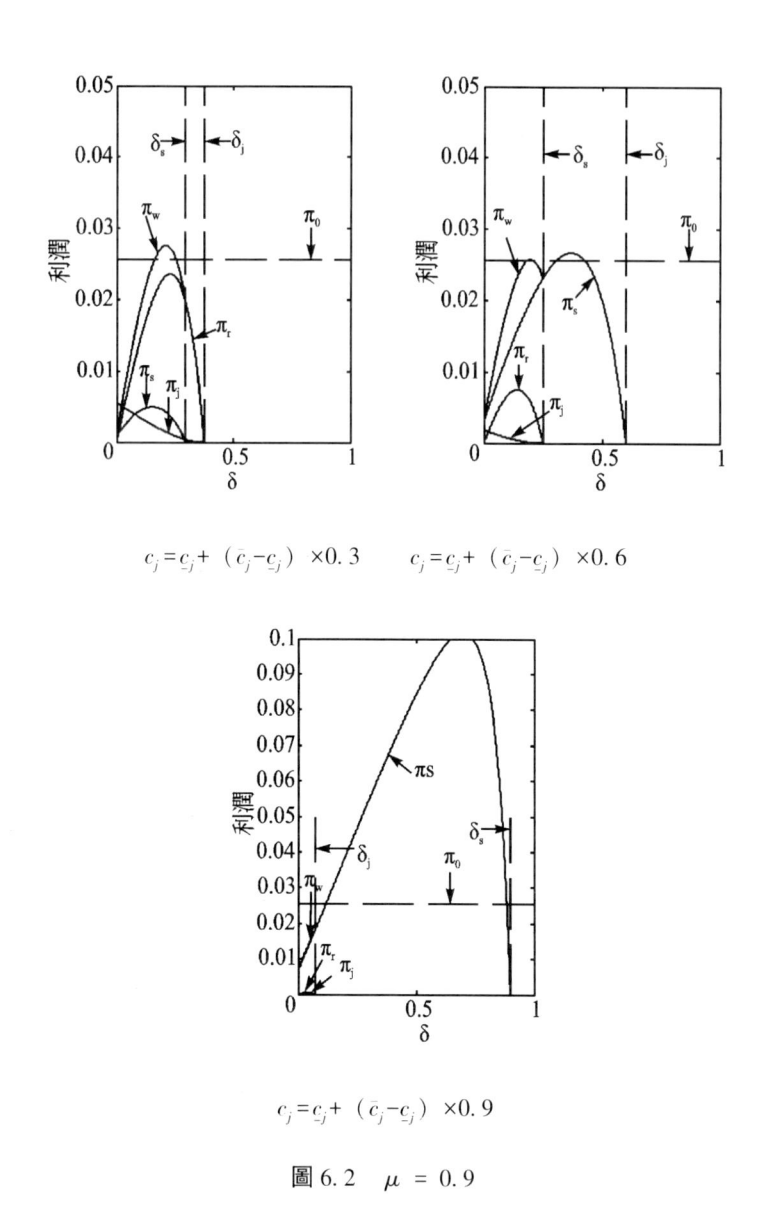

$c_j = \underline{c}_j + (\bar{c}_j - \underline{c}_j) \times 0.3$ $c_j = \underline{c}_j + (\bar{c}_j - \underline{c}_j) \times 0.6$

$c_j = \underline{c}_j + (\bar{c}_j - \underline{c}_j) \times 0.9$

圖 6.2 $\mu = 0.9$

觀察 2：只有當聯營商家的產品成本低於網上商城較大幅度（如 $c_j = \underline{c}_j + (\bar{c}_j - \underline{c}_j) \times 0.3$；$c_j = \underline{c}_j + (\bar{c}_j - \underline{c}_j) \times 0.6$），聯營商家入駐后，在雙方均有利可圖的佣金比例區間存在閾值 $\delta* \in$

6 網絡零售的營運模式決策

$[0，\min\{\delta_j，\delta_s\}]$，使網上商城的總利潤 π_w 超過只出售自營商品時的利潤 π_0。

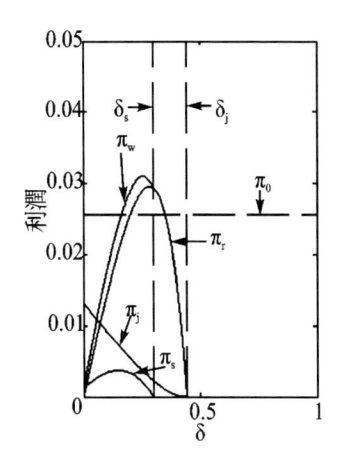

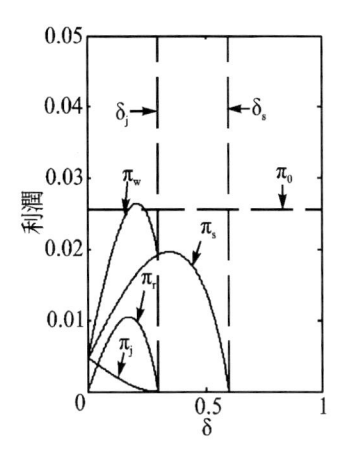

$$c_j = \underline{c_j} + (\bar{c}_j - \underline{c}_j) \times 0.3 \qquad c_j = \underline{c_j} + (\bar{c}_j - \underline{c}_j) \times 0.6$$

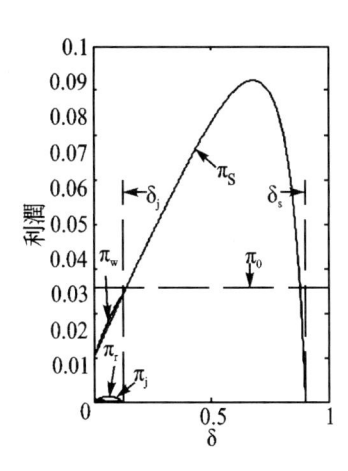

$$c_j = \underline{c_j} + (\bar{c}_j - \underline{c}_j) \times 0.9$$

圖 6.3 $\mu = 0.8$

$c_j = \underline{c_j} + (\bar{c}_j - \underline{c}_j) \times 0.3$　　　　$c_j = \underline{c_j} + (\bar{c}_j - \underline{c}_j) \times 0.6$

$c_j = \underline{c_j} + (\bar{c}_j - \underline{c}_j) \times 0.9$

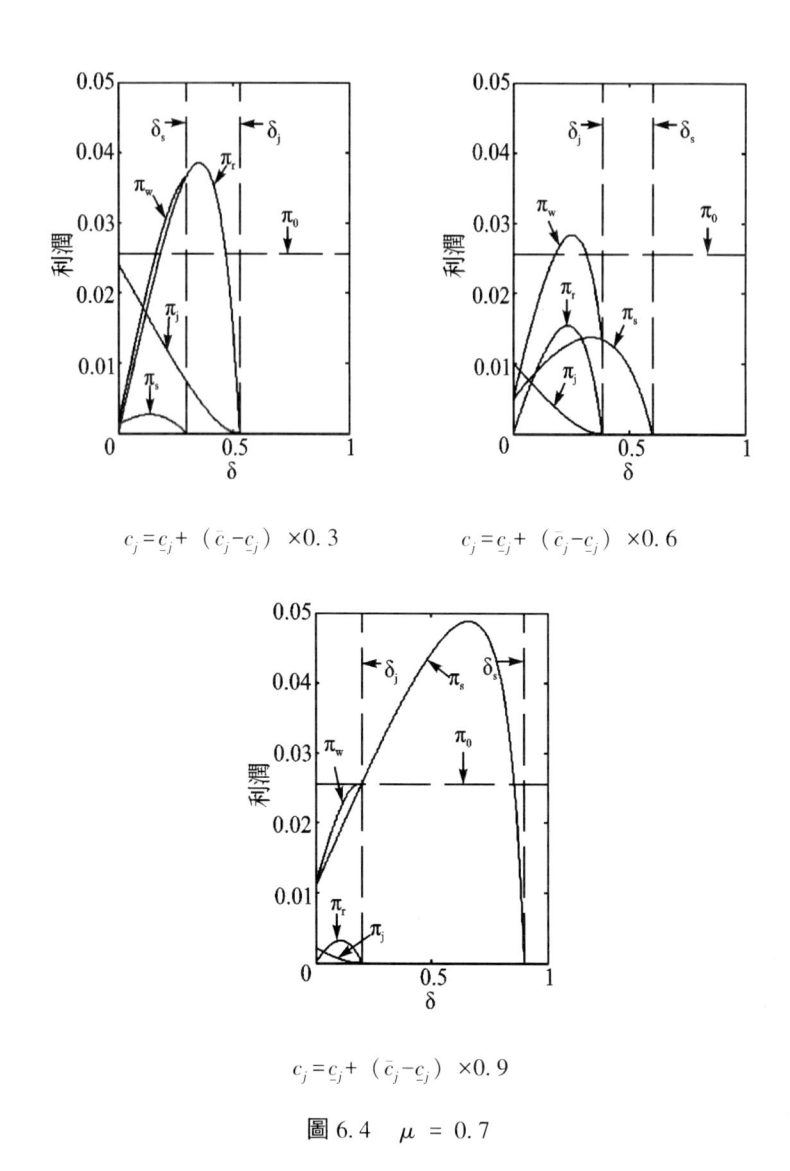

圖 6.4　$\mu = 0.7$

觀察 3：當消費者對聯營產品的選擇偏好同自營產品越接近（$\mu \to 1$），網上商城的混合銷售總利潤 π_w 和聯營商家的利潤 π_j 均呈下降趨勢。此時，由於自營商品的銷售對聯營商品形成顯著的擠兌效應，雙方在均可接受的佣金比例區間，只能取得微薄的

利潤。

6.1.5 小結

傳統 B2C 網上商城已經意識到開放交易平臺，吸引聯營商家入駐同自營商品混合銷售，可實現雙贏和互利的目標，但對於聯營商家入駐後產品的定價、交易佣金的比例和消費者的選擇偏好如何影響雙方的利潤缺乏較深刻的認識。本部分以此為出發點，著眼於 B2C 網上商城引進聯營商家后產品的定價和交易佣金決策。研究結論表明：

（1）網上商城和聯營商家在選擇合作交易前，需要各自預估對方同類產品的成本，並結合消費者對聯營產品的選擇偏好程度，同自身產品的成本進行比較。當聯營產品的成本滿足網上商城產品成本和消費者選擇偏好構成的上下限約束，雙方存在各自產品均可獲利的佣金比例取值區間，從而在佣金比例的討價還價談判中做到心中有數，設置自己的底線，確定各自的產品銷售策略。

（2）網上商城和聯營商家之間能否實現互利雙贏的目標，取決於雙方的產品成本差異和消費者的選擇偏好。隨著消費者對聯營產品的選擇偏好程度降低，要求聯營產品的成本低於自營產品的差距越明顯，從而實現網上商城總利潤和聯營商家利潤的增

加，但自營商品的利潤會降低。若消費者對聯營產品的選擇偏好同自營產品越接近，雙方能夠合作的空間越小，同網上商城只銷售自營商品的情況相比，不具有明顯的利潤優勢。

（3）網上商城應加強消費者對自營產品和聯營產品的偏好差距，同時可以通過讓聯營商家租用自身的倉庫以及其他配套設施降低其固定資產投入，減少產品的固定成本，使聯營產品的成本小於自營產品，這樣才能夠有效保證雙方的合作互利雙贏。

參考文獻

［1］O'Connell V, Rachel D. Saks upends luxury market with strategy to slash prices［N］. The Wall Street Journal, 2009-02-09.

［2］Prior M. FAO pens in-store boutique deal at Saks［J］. DSN Retailing Today, 2003, 42（5）: 4-5.

［3］莊貴軍. 營銷渠道的功能重組與營銷渠道創新：海信廣場的經驗［J］. 中國零售研究, 2007, 1（1）: 41-47.

［4］李飛. 中國百貨店：聯營，還是自營［J］. 中國零售研究, 2010, 2（1）: 1-19.

［5］滕文波，莊貴軍. 基於需求預測的店中店模式決策［J］. 系統工程理論與實踐, 2012, 32（7）: 1391-1399.

[6] Jerath K, Zhang Z J. Store within a store [J]. Journal of Marketing Research, 2010, 47 (4): 748-763.

[7] Kim S K, Mcfarland R G, Kwon S G, et al. Understanding governance decisions in a partially integrated channel: a contingent alignment Framework [J]. Journal of Marketing Research, 2011, 48 (3): 603-616.

[8] Netemeyer R G, Heilman C M, Maxham III J G. The impact of a new retail brand in-store boutique and its perceived fit with the parent retail brand on store performance and customer spending [J]. Journal of Retailing, 2012, 88 (4): 462-475.

[9] Zettelmeyer F. Expanding to the Internet: pricing and communications strategies when firms compete on multiple channels [J]. Journal of Marketing Research, 37 (3): 292-308, 2000.

[10] Balasubramanian S. Mail versus mall: a strategic analysis of competition between direct marketers and conventional retailers [J]. Marketing Science, 1998, 17 (3): 181-195.

[11] Yoo W S, Lee E. Internet channel entry: a strategic analysis of mixed channel structures [J]. Marketing Science, 2011, 30 (1): 29-41.

[12] Smith M D, Telang R. Piracy or promotion? the impact of broadband internet penetration on DVD sales [J]. Information Eco-

nomics and Policy, 2010, 22（4）: 289-298.

［13］Ma L, Montgomery A, Singh P V, et al. The effect of pre-release movie piracy on box-office revenue ［R］. Available at SSRN 1782924, 2011.

6.2 網絡零售商自有品牌的定價與廣告決策

6.2.1 引言

近年來，屈臣氏、沃爾瑪、家樂福等傳統零售巨頭在國內的連鎖門店相繼推出了各自的自有品牌產品，樹立了良好的綜合形象，贏得了消費者的青睞。例如，屈臣氏自有品牌從 200 多個高速擴張到現今的 1,000 多個，占據 25% 的份額，並且還有可能進一步發展。就長期而言，屈臣氏認為自有品牌的增長將幫助公司增加和平衡利潤，同時也幫助公司抵禦供應商施加的價格壓力。

對於網絡零售商而言，可以通過互聯網的便利性和時空分離特性樹立在消費者心目中的形象或品牌，把自己同傳統零售商區別開來。但是，幾乎所有網絡零售商都面臨著一個共同問題，即如何將自己所售產品與其他所有銷售同樣品牌產品的商店區別開來。經濟學原理表明，消費者是根據價格作出最終決策的。然

而，互聯網是不存在地域限制的，網絡零售商將不得不應對一輪又一輪的價格競爭，收入被壓縮至虧損的邊緣。[27]

如何才能避免破產之類毀滅性的結果？答案就是增加消費者購物體驗價值的非價格手段，實現產品差異化。非價格手段包括服務、使用方便、可靠性、多樣化、網站定制化或者界面友好等[27]。除此之外，在網站上銷售自有品牌的產品也是對幾乎所有網絡零售商均適用的策略。網絡零售商直接向生產製造商定制產品，可以在很大程度上控製產品設計和質量。這樣在網站上既銷售自有品牌產品也可以銷售其他品牌產品，但自有品牌產品可以給網絡零售商帶來很多明顯優勢。網絡零售商可以利用自有品牌專有排他性，為終端消費者提供價低質高的產品，同時還可以獲得更高的利潤率。

自有品牌（private brand）同製造商品牌（national brand 或 manufacturer brand）相對應，又稱為門店品牌（store brand），它是零售企業通過搜集、整理、分析消費者對於某類商品的需求信息而開發，在功能、價格、造型等方面提出設計要求，自設生產基地或者委託合適的生產企業進行加工生產，最終用自己的商標註冊該產品，並且只在自身的門店銷售。通過對歐洲市場的一次調查顯示，1980年所有的零售商品中17%具有自有品牌，1988年這個比例已經上升到23%，1992年達到27%，到目前為止已上升到40%以上。

目前，國外學者的研究主要集中在零售商引入自有品牌后的影響，包括：品牌管理[1-4]（Raju 等，1995；Narasimhan 和 Wilcox，1998；Corstjens 和 Lal，2000；Soberman 和 Parker，2004）、價格競爭[5-9]（Horowitz，2000；Wu 和 Wang，2005；Tyagi，2006；Amrouche 和 Zaccour，2007；Choi 和 Fredj，2013）、渠道成員的利益衝突與協調[10-14]（Tarziján，2004；Kurata 等，2007；Groznik 和 Heese，2010（a），2010（b）；Kuo 和 Yang，2013）。Karray 和 Zaccour[15]（2006）、Karray 和 Martín-Herrán[16]（2009）研究了零售商與製造商之間的廣告合作和價格競爭問題。國內的張讚[17]（2009），王華清和李靜靜[18]（2011）從質量水平的角度研究了自有品牌產品的價格決策；呂芹和霍佳震[19]（2011）分析了零售商和製造商之間的廣告決策博弈。部分學者也從實證研究的角度分析了消費者對自有品牌產品感知質量的影響因素。[20-22]

國內外針對自有品牌雖然進行了一些有益探索，但沒有關注消費者對自有品牌的選擇偏好和廣告投入對自有品牌產品市場份額的影響。一方面，零售商自有品牌產品作為市場后進入者，它被消費者認可的程度相對製造商品牌要低；另一方面，廣告是產品信息展示的主要載體，消費者只有對產品的基本情況有了初步瞭解后，才能再根據價格、個人偏好、質量等因素確定是否購買。

本部分以此為出發點，以期彌補已有研究的不足，主要貢獻和解決的關鍵問題包括：①自有品牌產品同製造商品牌產品混合銷售如何進行定價和廣告投入；②網絡零售商引入自有品牌產品能夠獲利應滿足的邊界條件；③消費者對自有品牌產品的選擇偏好以及兩種品牌商品的成本差異以及如何影響網絡零售商的銷售利潤和自有品牌產品的廣告投入。

6.2.2 消費者選擇行為與需求模型

假設1：網絡零售商自有品牌產品和製造商品牌產品具有替代性，前者的市場價格比后者偏低。

假設2：消費者選擇購買製造商品牌的支付意願要高於網絡零售商自有品牌。

假設3：獲得自有品牌產品信息的消費者比例同網絡零售商的廣告投入費用成正比。

假設4：消費者是異質的，對產品的支付意願服從給定區間的均勻分佈。

假設5：製造商品牌的產品屬於完全開放競爭的市場，銷售期內批發價保持不變。

市場營銷的實證研究認為產品價格與廣告的關係取決於廣告的角色。如果僅僅作為產品質量的象徵符號，高額的廣告投入會

導致高昂的產品價格，因為產品質量高的企業更願意進行廣告投入[23]。然而，當廣告更多地充當讓消費者瞭解產品的角色，這種相關性被顯著弱化，它的主要作用在於提升產品的知名度，擴大市場佔有率[24]。

設網絡零售商的廣告投入費用為 a，結合文獻[24]，獲得自有品牌產品信息的消費者比例為 $\mu = \dfrac{a}{\beta + a}$（$\beta > 0$）。顯然，$\dfrac{d\mu}{da} > 0$；$\dfrac{d^2\mu}{da^2} < 0$，邊界條件 $\mu|_{a=0} = 0$，$\mu|_{a=+\infty} = 1$。消費者瞭解自有品牌產品的相關信息后，選擇是否購買取決於自身的支付意願（即內部信息）和產品的實際價格（即外部信息）[25-26]，不知道自有品牌產品信息的消費者不會選擇購買。

令消費者對製造商品牌產品的支付意願為 θ，產品價格為 p_n。由於自有品牌相對不被消費者認可，支付意願為 $\delta\theta$（$0 < \delta < 1$），δ 為消費者對自有品牌的選擇偏好或接受程度，產品價格為 p_s。由此，消費者購買製造商品牌產品的效用 $U_n = \theta - p_n$，購買自有品牌產品得到的效用 $U_s = \delta\theta - p_s$。

為了研究方便又不失一般性，令支付意願 θ 服從 [0, 1] 均勻分佈。當網絡零售商開發自有品牌產品，並同製造商品牌產品混合銷售，瞭解產品信息的消費者（比例為 $\mu = \dfrac{a}{\beta + a}$）購買選擇自有品牌的條件是 $U_s > 0$，$U_s > U_n$，選擇購買製造商品牌的條

件是 $U_n > 0$，$U_n > U_s$。另外還有一部分不知道自有品牌產品信息的消費者（比例為 $1 - \mu = \dfrac{\beta}{\beta + a}$）會選擇購買製造商品牌產品，其條件是 $U_n > 0$。

令 $U_s = 0$；$U_n = 0$；$U_s = U_n$，可得：$\theta_s = \dfrac{p_s}{\delta}$；$\theta_n = p_n$；$\theta^* = \dfrac{p_n - p_s}{1 - \delta}$。

由假設 1 和 2 可知：$p_s < p_n$ 且 $0 < \delta < 1$，這樣 θ_s，θ_n 和 θ^* 存在三種可能情況。如圖 6.5~圖 6.7。

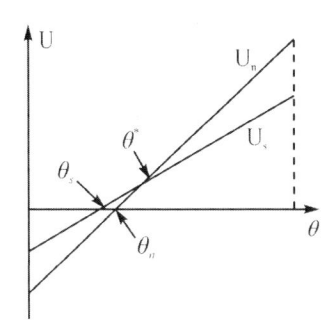

圖 6.5　$\theta_s < \theta_n < \theta^* < 1$　　　圖 6.6　$\theta^* < \theta_n < \theta_s < 1$

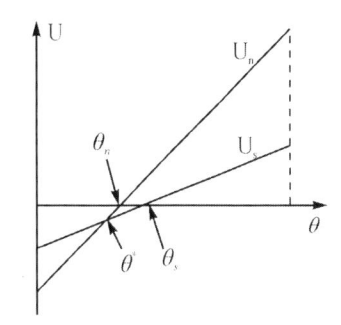

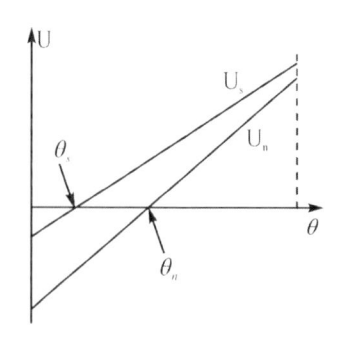

图 6.7　$\theta_s < \theta_n < 1 < \theta^*$

引理 1：如图 6.5 所示，当 $\theta_s < \theta_n < \theta^* < 1$，此时瞭解產品信息的消費者對自有品牌產品的需求量為 $q_s = \dfrac{a}{\beta + a}(\theta^* - \theta_s) = \dfrac{a}{\beta + a}\left(\dfrac{p_n - p_s}{1 - \delta} - \dfrac{p_s}{\delta}\right)$，對製造商品牌產品的需求為 $\dfrac{a}{\beta + a}(1 - \theta^*) = \dfrac{a}{\beta + a}\left(1 - \dfrac{p_n - p_s}{1 - \delta}\right)$，而不瞭解自有產品信息的消費者對製造商品牌產品的需求為 $\dfrac{\beta}{\beta + a}(1 - \theta_n) = \dfrac{\beta}{\beta + a}(1 - p_n)$。製造商品牌產品的總需求為 $q_n = \dfrac{\beta}{\beta + a}(1 - p_n) + \dfrac{a}{\beta + a}\left(1 - \dfrac{p_n - p_s}{1 - \delta}\right)$。

引理 2：如图 6.6 所示，当 $\theta^* < \theta_n < \theta_s$，此時不論是否瞭解網絡零售商自有品牌產品的信息，消費者只會選擇購買製造商品牌產品，總需求為 $q_n = (1 - p_n)$。

引理 3：如圖 6.7 所示，當 $\theta_s < \theta_n < 1 < \theta^*$，此時，消費者只會選擇購買自有品牌產品，總需求為 $q_s = \left(\dfrac{a}{\beta + a}\right)\left(1 - \dfrac{p_s}{\delta}\right)$。

6.2.3 網絡零售商的產品定價與廣告投入

首先以引理 1 作為基準進行分析，網絡零售商銷售自有品牌和製造商品牌產品的利潤 π_s、π_n 分別表示為：$\pi_s = q_s(p_s - c_s)$，$\pi_n = q_n(p_n - w_n)$；其中 c_s、w_n 分別代表自有品牌產品的邊際成本和製造商品牌產品的進貨價格。

網絡零售商以銷售總利潤最大化為目標，確定自有品牌和製造商品牌產品的價格（p_s, p_n），即

$$\max \pi = \frac{a}{\beta + a}\left(\frac{p_n - p_s}{1 - \delta} - \frac{p_s}{\delta}\right)(p_s - c_s) +$$

$$\left(\frac{\beta}{\beta + a}(1 - p_n) + \frac{a}{\beta + a}\left(1 - \frac{p_n - p_s}{1 - \delta}\right)\right)(p_n - w_n) - a$$

其中，利潤函數中第一、二項分別為自有品牌和製造商品牌的銷售利潤，第三項為廣告投入費用。

命題 1 網絡零售商在追求製造商品牌和自有品牌產品銷售總利潤最大化條件下，自有品牌和製造商品牌的零售價格和廣告投入的最優決策為

$$p_s = \frac{\delta + c_s}{2}; \quad p_n = \frac{1 + w_n}{2}; \quad a = \left(\frac{\delta w_n - c_s}{2}\right)\sqrt{\frac{\beta}{\delta(1 - \delta)}} - \beta$$

由此可得：自有品牌產品的銷售利潤

$$\pi_s = \left(\frac{a}{\beta+a}\right)\frac{(\delta w_n - c_s)(\delta - c_s)}{4\delta(1-\delta)} - a,$$

製造商品牌產品的銷售利潤

$$\pi_n = \frac{(1-w_n)^2}{4} - \left(\frac{a}{\beta+a}\right)\frac{(\delta w_n - c_s)(1-w_n)}{4(1-\delta)}。$$

令自有品牌產品的銷售利潤 $\pi_s > 0$，有

$\delta w_n - c_s > 2\sqrt{\beta\delta(1-\delta)}$；由製造商品牌產品的銷售利潤 $\pi_n > 0$，則

$2\sqrt{\beta\delta(1-\delta)} > \delta - (1 + c_s - w_n)$。如圖 6.8 所示。

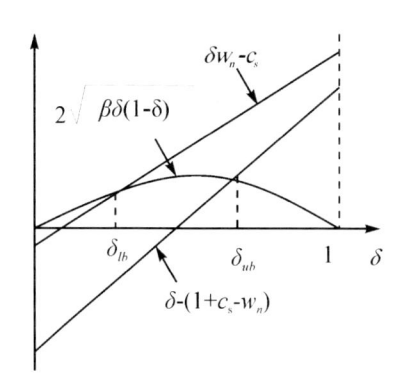

圖 6.8 消費者對自有品牌產品的偏好

由圖 6.8 所示的相對關係，有命題 2、命題 3、命題 4。

命題 2 若消費者對自有品牌的偏好程度 $\delta > \delta_{lb}$，自有品牌的產品銷售能夠獲利，同時廣告投入費用 $a > 0$。其中

$$\delta_{lb} = \frac{w_n c_s + 2\beta + 2\sqrt{\beta c_s(w_n - c_s) + \beta^2}}{w_n^2 + 4\beta}$$

$$\delta_{ub} = \frac{1 + c_s - w_n + 2\beta + 2\sqrt{\beta(1 + c_s - w_n)(w_n - c_s) + \beta^2}}{1 + 4\beta}$$

命題 3 當消費者對自有品牌的偏好程度 $\delta < \delta_{ub}$，製造商品牌產品的銷售能夠獲利。

命題 4 若自有品牌產品的邊際成本 c_s 和製造商品牌產品的進貨價格 w_n 之間滿足 $c_s < w_n$，則自有品牌產品銷售同製造商品牌產品銷售均能獲利的消費者選擇偏好臨界值 $\delta_{lb} < \delta_{ub}$；若 $c_s = w_n$，則 $\delta_{lb} = \delta_{ub} = 1$。

由命題 2~4 可知：

當消費者對自有品牌的偏好程度滿足 $\delta_{lb} < \delta < \delta_{ub}$，則網絡零售商銷售自有品牌和製造商品牌產品均能夠獲利；若 $0 < \delta \leq \delta_{lb}$，網絡零售商應只銷售製造商品牌產品；若 $\delta_{ub} \leq \delta < 1$，網絡零售商應放棄製造商品牌產品的銷售，專注銷售自有品牌產品。

結合引理 1~3，針對消費者對自有品牌的偏好程度，網絡零售商的價格、銷量、利潤和廣告投入如表 6.1 所示。

表 6.1　網絡零售商的最優決策

最優決策	僅售製造商品牌 ($0 < \delta \leq \delta_{lb}$)	出售兩種品牌商品 ($\delta_{lb} < \delta < \delta_{ub}$)	僅售自有品牌 ($\delta_{ub} \leq \delta < 1$)
價格			
製造商品牌	$\dfrac{1+w_n}{2}$	$\dfrac{1+w_n}{2}$	n/a
自有品牌	n/a	$\dfrac{\delta+c_s}{2}$	$\dfrac{\delta+c_s}{2}$
廣告投入			
製造商品牌	n/a	n/a	n/a
自有品牌	n/a	$a = \left(\dfrac{\delta w_n - c_s}{2}\right)\sqrt{\dfrac{\beta}{\delta(1-\delta)}} - \beta$	$a = \left(\dfrac{\delta - c_s}{2}\right)\sqrt{\dfrac{\beta}{\delta}} - \beta$
銷量			
製造商品牌	$\dfrac{1-w_n}{2}$	$\dfrac{1-w_n}{2} - \left(\dfrac{a}{\beta+a}\right)\dfrac{(\delta w_n - c_s)}{2(1-\delta)}$	n/a

表6.1(續)

最優決策	僅售製造商品牌 ($0 < \delta \leq \delta_{lb}$)	出售兩種品牌商品 ($\delta_{lb} < \delta < \delta_{ub}$)	僅售自有品牌 ($\delta_{ub} \leq \delta < 1$)
自有品牌	n/a	$\left(\dfrac{a}{\beta+a}\right)\dfrac{\delta w_n - c_s}{2\delta(1-\delta)}$	$\left(\dfrac{a}{\beta+a}\right)\dfrac{\delta - c_s}{2\delta}$

利潤

製造商品牌	$\dfrac{(1-w_n)^2}{4}$	$\dfrac{(1-w_n)^2}{4} - \left(\dfrac{a}{\beta+a}\right)\dfrac{(\delta w_n - c_s)(1-w_n)}{4(1-\delta)}$	n/a
自有品牌	n/a	$\left(\dfrac{a}{\beta+a}\right)\dfrac{(\delta w_n - c_s)(\delta - c_s)}{4\delta(1-\delta)} - a$	$\left(\dfrac{a}{\beta+a}\right)\dfrac{(\delta - c_s)^2}{4\delta} - a$

令兩種品牌產品混合銷售的總利潤：

$$\pi = \pi_s + \pi_n = \frac{(1-w_n)^2}{4} + \left(\frac{a}{\beta+a}\right)\frac{(\delta w_n - c_s)^2}{4\delta(1-\delta)} - a$$

$$\Delta\pi_n = \pi_n - \frac{(1-w_n)^2}{4} = $$

$$-\frac{(1-w_n)[\delta w_n - c_s - 2\sqrt{\beta\delta(1-\delta)}]}{4(1-\delta)} < 0$$

$$\Delta\pi = \pi - \frac{(1-w_n)^2}{4} = \frac{a}{\beta}\frac{\sqrt{\beta}(\delta w_n - c_s) - 2\beta\sqrt{\delta(1-\delta)}}{2\sqrt{\delta(1-\delta)}} = $$

$$\frac{a^2}{\beta} > 0$$

由此有命題 5。

命題 5　若網絡零售商引入自有品牌產品進行混合銷售，則製造商品牌產品利潤下降，即 $\Delta\pi_n < 0$；但銷售總利潤增加，$\Delta\pi = a^2/\beta > 0$。

由命題 5 可知：網絡零售商以銷售總利潤最大化為目標，執行差異化定價策略，將使自有品牌產品銷售產生的利潤增加量超過製造商品牌產品的利潤下降幅度。

6.2.4　數值結果的比較靜態分析

自有品牌產品作為后進入網絡零售商門店銷售的產品，由於

製造商品牌產品具有先動優勢，前期已進行了大量營銷推廣工作，在消費者心中的認可度較高，所以，消費者對自有品牌產品的選擇偏好 δ 對於網絡零售商的決策產生重要影響。

（1）網絡零售商銷售自有品牌產品和製造商品牌產品均能獲利的消費者選擇偏好臨界值 δ_{lb} 和 δ_{ub} 隨兩種產品的成本比值 c_s/w_n 變化的規律如圖 6.9。

由圖 6.9 的數值結果有如下發現：

觀察 1：當自有品牌產品的成本逐步逼近製造商品牌產品的進貨價格，即 $c_s/w_n \to 1$，消費者對自有品牌偏好程度下限值 δ_{lb} 和上限值 δ_{ub} 之間的差值減小，直至兩者等於 1，差值為 0。

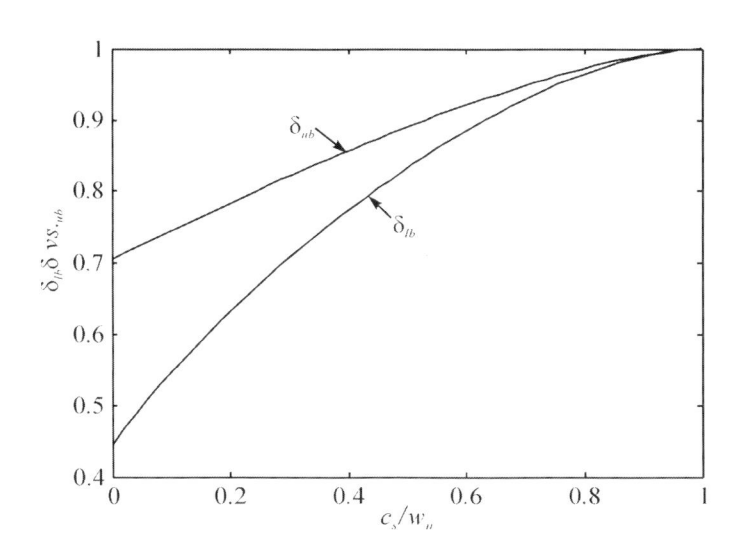

圖 6.9　δ_{lb} 和 δ_{ub} 關於 c_s/w_n 的變化

（2）消費者對自有品牌的偏好程度 δ 對網絡零售商銷售利潤的影響如圖 6.10 所示。

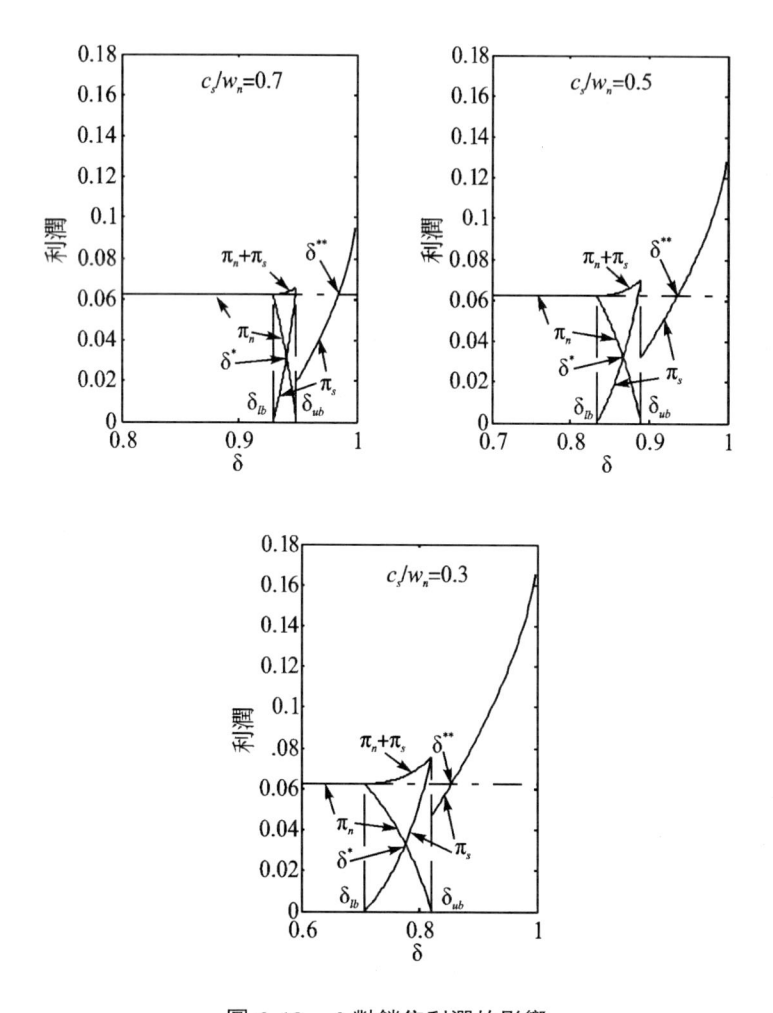

圖 6.10　δ 對銷售利潤的影響

由圖 6.10 的數值結果，有如下發現：

觀察 2：當消費者對自有品牌產品的選擇偏好 δ 滿足 $\delta_{lb} < \delta < \delta_{ub}$，自有品牌產品的銷售利潤呈現遞增的趨勢，而製造商品

牌產品的銷售利潤下降，但兩者的總利潤超過僅售製造商品牌產品的利潤。同時，δ 存在閾值 δ^*，若 $\delta_{lb} < \delta < \delta^*$，自有品牌產品的銷售利潤小於製造商品牌產品的銷售利潤；反之，若 $\delta^* < \delta < \delta_{ub}$，前者高於后者。

觀察 3：若 $0 < \delta \leq \delta_{lb}$，網絡零售商僅銷售製造商品牌產品；若 $\delta_{ub} \leq \delta < 1$，網絡零售商專注銷售自有品牌產品，消費者對自有品牌產品的選擇偏好存在閾值 δ^{**}，當 $\delta_{ub} \leq \delta < \delta^{**}$，自有品牌產品的銷售利潤低於僅售製造商品牌產品的利潤；若 $\delta^{**} \leq \delta < 1$，自有品牌產品的銷售利潤超過僅售製造商品牌產品的利潤，並且隨著兩者成本比值 c_s/w_n 的減少，閾值 δ^{**} 逐漸降低。

（3）價格和廣告投入費用隨消費者對自有品牌產品的選擇偏好 δ 的變化如圖 6.11 和圖 6.12 所示。

由圖 6.11 和圖 6.12 的數值結果，有如下發現：

觀察 4：當消費者對自有品牌產品的偏好程度 $\delta > \delta_{lb}$，隨著 δ 的增加，自有品牌的價格和廣告投入費用也相應增加，其產品銷售有利可圖。隨著兩者成本比值 c_s/w_n 的減少，自有品牌的價格整體下降，但廣告投入費用上升。

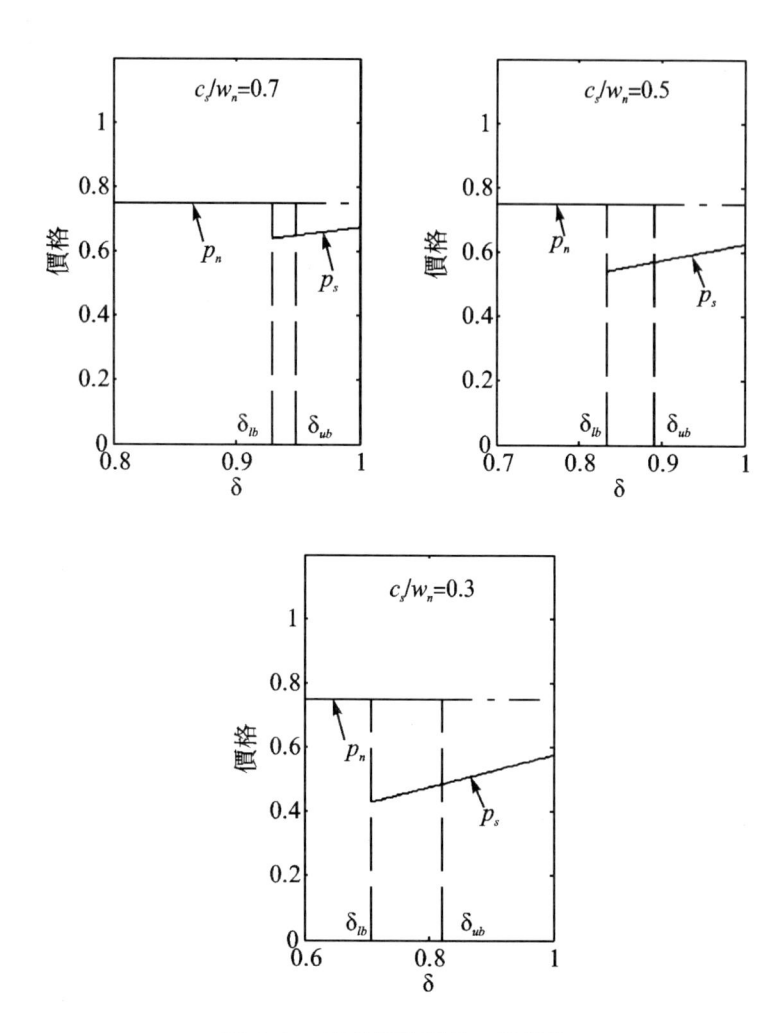

圖 6.11　產品價格關於 δ 的變化

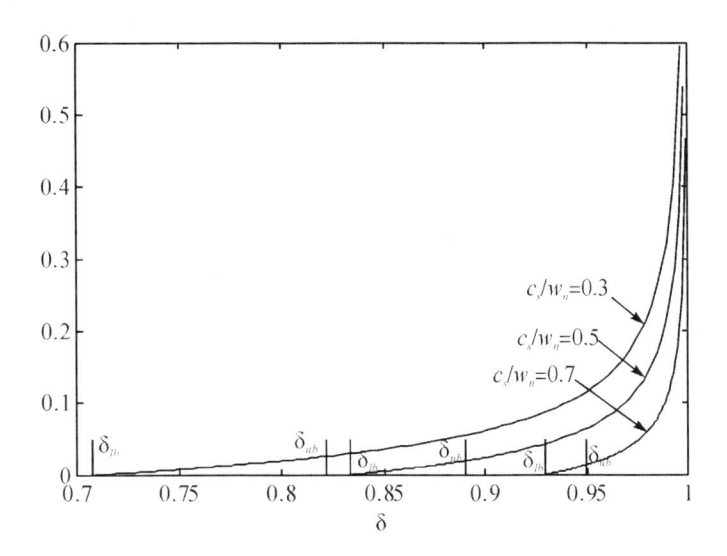

圖 6.12　廣告投入費用關於 δ 的變化

6.2.5　小結

網絡零售商已經意識到開發自有品牌的產品與製造商品牌產品混合銷售，實現雙贏和互利，但對於引入自有品牌產品能否贏利的邊界條件、產品的定價和消費者的選擇偏好如何影響銷售利潤缺乏清醒的認識。本部分以此為出發點，聚焦網絡零售商引入自有品牌的定價和廣告投入決策。在定價策略方面，網絡零售商選擇自有品牌和製造商品牌的總利潤最大為目標；自有品牌產品作為市場后進入者，需要通過廣告投入擴大知名度，吸引消費者購買。研究結論表明：

（1）若消費者對自有品牌產品的偏好程度滿足上限值和下限

值要求，網絡零售商銷售自有品牌和製造商品牌產品均能夠獲利；當低於下限值，網絡零售商應只銷售製造商品牌產品；若高於上限值，網絡零售商應放棄製造商品牌產品的銷售，專注銷售自有品牌產品。隨著自有品牌產品的成本逐步逼近製造商品牌產品的進貨價格，下限值和上限值之間的差值縮小。

（2）引入自有品牌產品銷售后，若兩種產品同時銷售，自有品牌產品銷售帶來的利潤增加量超過製造商品牌產品的利潤下降幅度，使總利潤增加。同時，消費者對自有品牌產品的偏好程度存在閾值，若小於該閾值，自有品牌產品的銷售利潤小於製造商品牌產品的銷售利潤；反之，若大於該閾值，前者高於后者。

（3）網絡零售商若僅售自有品牌產品，消費者對自有品牌產品的選擇偏好存在閾值：大於該閾值，自有品牌產品的銷售利潤才會高出僅售製造商品牌產品的利潤；隨著兩者成本比值的降低，閾值逐漸降低。隨著消費者對自有品牌產品偏好程度的增加，自有品牌的價格和廣告投入費用也相應增加，隨著其成本同製造商品牌進貨價格比值的降低，自有品牌的價格下降，但廣告投入費用上升。

參考文獻

［1］Raju J S, Sethuraman R, Dhar S K. The introduction and performance of store brands［J］. Management Science, 1995, 41 (6): 957-978.

［2］Narasimhan C, Wilcox R T. Private labels and the channel relationship: a cross-category analysis［J］. Journal of Business, 1998, 71 (4): 573-600.

［3］Corstjens M, Lal R. Building store loyalty through store brands［J］. Journal of Marketing Research, 2000, 37 (3): 281-291.

［4］Soberman D A, Parker P M. Private labels: psychological versioning of typical consumer products［J］. International Journal of Industrial Organization, 2004, 22: 849-861.

［5］Horowitz I. An option-pricing look at the introduction of private labels［J］. Journal of the Operational Research Society, 2000, 51 (2): 221-230.

［6］Wu C C, Wang C J. A positive theory of private label: a strategic role of private label in a duopoly national brand market［J］.

Marketing Letters, 2005, 16 (14): 143-161.

[7] Tyagi R K. Store brand strength [J]. Review of Marketing Science, 2006, 4 (2): 1-16.

[8] Amrouche N, Zaccour G. Shelf-space allocation of national and private brands [J]. European Journal of Operational Research, 2007, 180 (2): 648-663.

[9] Choi S, Fredj K. Price competition and store competition: Store brands vs. national brand [J]. European Journal of Operational Research, 2013, 225 (2): 1166-1178.

[10] Tarziján J. Strategic effects of private labels and horizontal integration [J]. The International Review of Retail, Distribution and Consumer Research, 2004, 14 (3): 321-335.

[11] Kurata H, Yao D O, Liu J J. Pricing policies under direct vs. indirect channel competition and national vs. store brand competition [J]. European Journal of Operational Research, 2007, 180 (1): 262-281.

[12] Groznik A, Heese H S. Supply chain conflict due to store brands: the value of wholesale price commitment in a retail supply chain [J]. Decision Sciences, 2010 (a), 41 (2): 203-230.

[13] Groznik A, Heese H S. Supply chain interactions due to store-brand introductions: The impact of retail competition [J]. Euro-

pean Journal of Operational Research,2010(b),203(3):575-582.

[14] Kuo C, Yang S S. The role of store brand positioning for appropriating supply chain profit under shelf space allocation [J]. European Journal of Operational Research,2013,231(1):88-97.

[15] Karray S, Zaccour G. Could co-op advertising be a manufacturer's counterstrategy to store brands [J]. Journal of Business Research,2006,59(9):1008-1015.

[16] Karray Salma, Martín-Herrán Guiomar. A dynamic model for advertising and pricing competition between national and store brands [J] European Journal of Operational Research,2009,193(2):451-467.

[17] 張讚. 零售商引入自有品牌動機的博弈分析 [J]. 財貿經濟,2009,(4):129-134.

[18] 王華清,李靜靜. 基於感知質量的自有品牌產品定價決策 [J]. 系統工程理論與實踐,2011,31(8):1454-1459.

[19] 呂芹,霍佳震. 基於製造商和零售商自有品牌競爭的供應鏈廣告決策 [J]. 2011,19(1):48-54.

[20] 楊德鋒. 王新新. 零售商自有品牌感知質量的形成與提升研究:基於線索視角 [J]. 消費經濟,2007,23(6):68-71.

[21] 楊德鋒,王新新. 製造商線索與零售商自有品牌感知

質量 [J]. 中國工業經濟, 2008 (1): 87-95.

[22] 彭峰, 程小又, 李永強. 自有品牌產品影響感知質量因素的實證研究 [J]. 四川大學學報（哲學社會科學版）, 2008 (3): 106-111.

[23] Bagwell K, Riordan M H. High and declining prices signal product quality [J]. American Economic Review, 1991, 81 (1): 224-239.

[24] Zhao Z. Raising awareness and signaling quality to uninformed consumers: A price-advertising model [J]. Marketing Science. 2000, 19 (4): 390-396.

[25] Bucklin E R, Lattin J M. A two-state model of purchase incidence and brand choice [J]. Marketing Science, 1991, 10 (1): 24-39.

[26] Bettman J R. An Information Processing Theory of Consumer Choice [M]. Reading, MA: Addison-Wesley, 1979.

[27] Edward J Deak. The economics of ecommerce and the Internet [M]. Mason: Thomson South-Western, 2004.

國家圖書館出版品預行編目(CIP)資料

網路零售管理決策理論與方法/ 田俊峰 著.-- 第一版.
-- 臺北市：崧博出版：財經錢線文化發行, 2018.11
　　面 ；　　公分

ISBN 978-957-735-596-6(平裝)

1.零售業 2.網路行銷

498.2　　　　　107017197

書　名：網路零售管理決策理論與方法
作　者：田俊峰 著
發行人：黃振庭
出版者：崧博出版事業有限公司
發行者：財經錢線文化事業有限公司
E-mail：sonbookservice@gmail.com
粉絲頁　　　　　網　址：
地　址：台北市中正區延平南路六十一號五樓一室
8F.-815, No.61, Sec. 1, Chongqing S. Rd., Zhongzheng Dist., Taipei City 100, Taiwan (R.O.C.)
電　話：(02)2370-3310　傳　真：(02) 2370-3210
總經銷：紅螞蟻圖書有限公司
地　址：台北市內湖區舊宗路二段 121 巷 19 號
電　話：02-2795-3656　傳真：02-2795-4100　網址：
印　刷：京峯彩色印刷有限公司（京峰數位）

　　本書版權為西南財經大學出版社所有授權崧博出版事業有限公司獨家發行電子書及繁體書繁體版。若有其他相關權利及授權需求請與本公司聯繫。

定價：300元

發行日期：2018 年 11 月第一版

◎ 本書以POD印製發行